中华青少年科学文化博览丛书·气象卷 >>>

U0320011

图说雷电 >>>

中华青少年科学文化博览丛书·气象卷

图说雷电
TUSHUO LEIDIAN

吉林出版集团有限责任公司 | 全国百佳图书出版单位

前 言

雷电是伴有闪电和雷鸣的一种雄伟壮观而又有点令人生畏的放电现象。雷电一般产生于对流发展旺盛的积雨云中，因此常伴有强烈的阵风和暴雨，有时还伴有冰雹和龙卷风。

无论在我国还是在国外，在几千年前就有人对雷电产生了浓厚的兴趣，其中不乏许多生动地神话故事，在我国有雷公、雷母，在国外，有各式各样的雷神。

随着近代科学的发展，人们对雷电的畏惧越来越少，富兰克林用风筝捕捉到了雷电，随后发明了避雷针，成为人类研究雷电历史上一大跨越。

据统计，在任何给定时刻，世界上都有1 800场雷雨正在发生，每秒大约有100次雷击。在美国，雷电每年会造成大约150人死亡和250人受伤。

全世界每年有4 000多人惨遭雷击。在雷电发生频率呈现平均水平的平坦地形上，每座300英尺高的建筑物平均每年会被击中一次。

每座1 200英尺的建筑物，比如广播或者电视塔，每年会被击中20次，每次雷击通常会产生6亿伏的高压。

云中电荷的分布较复杂，但总体而言，云的上部以正电荷为主，下部以负电荷为主。因此，云的上、下部之间形成一个电位差。当电位差达到一定程度后，就会产生放电，这就是我们常见的闪电现象。

带有电荷的雷云与地面的突起物接近时，它们之间就发生激烈的放电。在雷电放电地点会出现强烈的闪光和爆炸的轰鸣声。这就是人们见到和听到的闪电雷鸣。

雷电分直击雷、电磁脉冲、球形雷、云闪四种。其中直击雷和球形雷都会对人和建筑造成危害，而电磁脉冲主要影响电子设备，主要是受感应作用所致；云闪由于是在两块云之间或一块云的两边发生，所以对人类危害最小。

中国是一个多自然灾害的国家，跟地理位置有着不可分割的关系，雷电灾害在中国也有不少，最为严重的是广东省以南的地区，东莞、深圳、惠州一带的雷电自然灾害已经达到世界之最，这些地方也是因为大气层位置比较偏低所造成的影响，纽约是雷电灾害最多的地区。

本书是一本雷电发展史的精缩本，涵盖远古时代的雷电神秘史、雷电科学、雷电防护技术、最新的雷电研究动态等，将人类对雷电认识和利用的发展历史全面地呈现给读者。

目 录

第一章

世界各地"雷神"大联盟

古人看雷电 ·················· 9

远古雷电神话 ·················· 12

宙斯被偷走的天火 ·················· 15

五花八门的雷神武器 ·················· 16

专属"雷神"的日子 ·················· 18

雷鸟与猫头鹰 ·················· 20

被驯服的雷电 ·················· 24

吴哥窟因雷电未建成的塔 ·················· 24

第二章

穿越时空——看看古人的避雷绝技

令人着迷的雷电 ·················· 27

世界上最早的避雷针 ·················· 29

鱼尾瓦避雷 ·················· 30

上帝的惩罚 ·················· 32

第一个发现闪电奥秘的人 ·················· 34

响彻天际的春雷 ·················· 35

落地雷危害大 ·················· 37

现代"人工引雷" ·················· 39

第三章

奇闻——用风筝和钥匙"抓"雷电的人

想把上帝和雷电分家的狂人 ·················· 43

引起巴黎轰动的实验 ·················· 45

凯瑟琳电轮 ·················· 48

点不着的酒精棉 ·················· 51

用风筝"抓"雷电的人 ·················· 54

全世界科学界的轰动 ·················· 56

为雷电牺牲的科学家 ·················· 57

印刷工富兰克林 ·················· 58

目 录

第四章

雷电——正负电荷碰撞出的火花

正负电荷碰撞出火花 ·················· 61

小水滴和带电离子伙伴们的故事 ·········· 64

暖云也会出现雷电现象 ·················· 67

电极碰撞制造了"孤光放电" ·········· 68

球状闪电"喜欢"钻洞 ·················· 68

光比声音跑得快多了 ·················· 71

一次闪电过程历时约0.25秒 ·········· 72

线状闪电能吐出长达30米的"光舌" ······ 73

第五章

骇人听闻——雷电也会咬人?

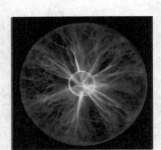

雷电为什么不是直的? ·················· 77

雷电夏天多冬天少 ·················· 78

大树底下隐藏"杀机" ·················· 81

飞机缘何没有避雷针 ·················· 82

土星雷电比地球强一万倍 ·················· 83

黑色的"超级闪电" ·················· 84

被雷电点燃的火箭 ·················· 88

"雷电伤人的悲剧" ·················· 89

目 录

第六章

没有雷电，地球该有多寂寞

消雷器不是万金油 ·················· 93

白白流失的5.25万亿元 ·················· 96

雷电孕育地球生命 ·················· 98

雷雨过后为什么空气特别清新 ·················· 100

20世纪大气电学研究 ·················· 101

直击雷和感应雷 ·················· 102

云中电荷分布 ·················· 105

航天器最好躲着雷电 ·················· 107

第七章

安全指南——雷暴来了怎么办

为天代言的雷神 ·················· 111

旱天雷 ·················· 113

猛烈移动的雷暴云 ·················· 116

卫星云图防雷暴 ·················· 118

布达拉宫如何防雷电？ ·················· 122

蛮横的电磁脉冲 ·················· 127

总躲在云中的直击雷 ·················· 129

雷电波侵入 ·················· 130

目 录

第八章
    防雷有道——躲着雷暴去飞行
当今世界的主要自然灾害 ················133
雷电正中飞机 ················137
躲着雷暴去飞行 ················139
民航最易遇上的危险分子 ················140
"人工引雷" ················142
驾驭不了的雷电能量 ················144
有雷不知防 ················145
防雷小贴士 ················147

第九章
    因风雨雷电生成的传说
爪黄飞电 ················151
雷电神因陀罗屠龙 ················152
风雨雷电的传说 ················154
中国古代求雨习俗 ················157

第1章 世界各地"雷神"大联盟

1. 古人看雷电
2. 远古雷电神话
3. 宙斯被偷走的天火
4. 五花八门的雷神武器
5. 专属"雷神"的日子
6. 雷鸟与猫头鹰
7. 被驯服的雷电
8. 吴哥窟因雷电未建成的塔

▣ 古人看雷电

公元前1500年，殷商甲骨文中就有"雷"字，稍晚的西周青铜器上亦有"电"字，它指的是闪电。《易经》中有"雷在地中"的记载，这是世界上对地行雷的最早记载。

最早能见到文字记载的对雷电作科学观察的学者当推东汉哲学家王充，他在《论衡》中对雷电就作过如下描述："雷者火也。以人中雷而死，即询其身，中火则须发烧焦。中身则皮肤灼倍，临其尸上闻火气，一验也。道术之家，以为雷饶石色赤，投于井中，石馆并寒，激声大鸣，若雷之状，二验也。人伤于寒，寒气入腹，腹中累暖，温寒分争，激气雷鸣，三验也。当雷之时，有光时见，大若火之耀，四验也。当雷之

王充习书图

击，时或馏入室屋及地草木，五验也。夫论雷之为火有五验启雷为天怒无一效。"

他的这段古文，已经生动地描绘了雷电的形状和温度，说雷电像火一样热，还描绘了雷电的灾害，有人被雷电击中死亡，但是那时的古人虽然观察到了雷电，却无法科学地解释雷电的起因，很多人仍然将雷电现象理解为是老天在发怒。

于尖端放电产生的电晕现象，在《汉书西域传》也有记载："公元3年……矛端生火。"还有古书记载，公元304年，成都王发兵郊城，夜间见"赖锋皆有火光，遥望如悬烛。"

我们如果留心细察古书，揭去古人添加的神秘之说，当可更多地看出他们记叙到的一些自然界的物理现象，历史上还有无云而雷这种罕见现象的记载，《太平御览》记有："秦二世六年天无云而雷。"成帝建始四年，无云面风，天雷如击连放音，可四五刻，隆隆如车声。"

北宋的科学家沈括在他的《梦溪

沈括像

笔谈》里也有记载："内侍李舜举家为暴所震，其堂之西屋雷火自窗间出，赫然出檐。人以为堂屋已焚，皆出避之。及雷止，其舍宛然，墙壁窗纸皆黩。有一木格，其中杂贮诸器，其漆器银铝者，银悉熔流在地，漆器不燃灼。有一宝刀，极坚刚，就刀室中熔为汁。而室亦俨然。人必谓：当先焚草木，然后流金石，今乃金石皆烁而草木无一毁者，非人情所测。

沈括是浙江杭州人，著名的科学家、改革家。精通天文、数学、物理学、化学、地质学，气象学、地理学、农学和医学；他还是卓越的工程师、出色的外交家，虽然他对雷电的研究还是在表象，但是在古代的气象学家当中，已经很超前。

我国科学地观察并忠实客观地记述雷电现象早于欧美超过千年以上，而研究并明了其本质却又晚于欧美百余年。这一现象在其他自然科学领域也存在。

中国本是文明古国，而近百年来屡遭列强侵略，科学技术落后甚多，思索其原因是非常必要的。仅就雷电科学而言，作者颇倾向于有

雷电现象

《左传》

些学者之见，这与我国千百年来文人的传统坏风尚有关。

一种是鄙视科学技术，视为奇器淫巧不足道；另一种则是急功近利，不求甚解，为我所用，借以讽喻世人或君王，而平民百姓愚昧，常以迷信的方式希冀免除大自然之灾祸。

古代的所谓圣人们喜欢借雷电的可怕威力威吓平民百姓，认为雷电是神灵之一，它要惩恶。比如公元前645年雷击了夷伯之庙，《左传》就认为他们议上有"隐居阴过"。

▧ 远古雷电神话

在史前时代，雷电引燃干燥的树枝，在人类祖先学会生火前的漫长岁月里为他们提供光和热。在神话中，只有神才拥有火。

毫无疑问，人类最初创作的神话故事是受到自然现象的启示，他们不能理解这些自然现象，但为平息恐惧而试图进行解释。

如果不同文明创造的某些神话看起来类似，不是因为远古文明间的相互交流，而是因为古人的思想起源于相似的世界景象。

人们相信，雷电是一种他们在石头的稳定性或星球转动中所发现的超自然力量。世界各地的神话故事都有对这种神的力量的描述：惩罚性的雷电、可怕的隆隆雷声、带来丰饶雨水的雷电或作为一种能量来源的被驯服的雷电。

在小亚细亚，安纳托利亚万神之首是一个雌雄同体，这个"怪物"来自山上、用一头公牛来象征的雷神，以及化身为泉水或河流的丰饶女神，相互受孕。

人们可以在巴比伦最初时期，也就是公元前2200年的圆柱形阿卡得人图章上找到最古老的雷神画像，一个统治流星的神手握一根鞭子，一头神话动物拉着他的车，一位女神手握天火。现在这幅雷神画像摆放在法国的卢浮宫博物馆。

在希泰安纳托利亚，雷神是伟大的胜利者天上的塔罕达，他穿着盛装骑在公牛上，手握权杖。这是雷神反对不理性的盲目力量的胜利景象。他相当于美索不达米亚闪族人的阿达德、苏美尔的伊斯库尔神、西部苏美尔游牧民族的玛图神、闪米特人的阿姆茹神、西部闪米特人的哈达和瑞舍夫神、迦南乌

希腊神话中的雷神

加里特神话中地位最高的巴力神。

巴力通常被描绘成一个年轻的射手，手握权杖，牵着一头套着牵索的年轻公牛。公牛是他的神物。所有的这些神都与哈里亚提修普神有着相同的起源和特征，比如公牛、雷电、权杖或槌棒。作为众神之王，提修普神没有留下什么宇宙之物。他是人类王国的象征，第一个父性和贵族之神，癫狂之首，被宫廷和仆从所环绕着。

在埃及法老时代，宇宙被冥神奥西里斯和他的弟弟赛特的矛盾行为所统治。奥西里斯维持着自然中的植物、尼罗河、月亮和太阳的重生力量。而赛特是暴力凶残的邪恶力量，他好毁灭，以雨神和雷神的面目出现，同时也是沙漠和贫瘠之神。

两位神各自有一位女性为伴。与其伴侣的特征相似，奥西里斯的妹妹和妻子伊西斯象征着母性，赛特的妹妹和妻子妮芙提丝象征不育。赛特被认为等同于希腊堤丰神，而宙斯的角色则被亚蒙神占据。之后，在托勒密时代的埃及，塞拉皮斯结合了奥西里斯和希腊宙斯的特征，恢复了后者的至高权力。

在法国南部靠近尼斯和意大利边界的望德和枫丹白露峡谷，耸立着法国

境内最常遭雷击的圣山贝古山。在大约四千年前众多表现雷电的石刻中，有一个被称为"巫师"的特别石刻：一个双手各拿一个三角戟的神人同形。这个魔术师是一个正在挥舞闪电的雷神，这几乎与同时期美索不达米亚的恩利尔·贝勒一样。

◪ 宙斯被偷走的天火

在古希腊，雷电是宙斯的武器。被雷电袭击过的地方将供奉于他。在罗马，像其他天神一样，朱庇特用雷电惩罚他的子民。

在神权神话中，提坦巨人普罗米修斯使宙斯的力量受到遏制。因为人类祖先生活在黑暗和寒冷当中，普罗米修斯很同情他们。他偷走了天火并且把它交给我们的祖先，让他们学会了怎样掌控自然的力量。这样，普罗米修斯使

宇宙之主宙斯

人类更加强大、聪明和灵巧。

宇宙之主宙斯很不高兴，决定残酷地惩罚普罗米修斯。他把普罗米修斯绑在一座山顶的岩石上。

白天，一只巨鹰用爪子撕裂他的腹部，夜晚，伤口才渐渐愈合。

为了惩罚人类，宙斯送给他们一个无人能逃脱的危险陷阱：潘多拉。这个女人一到达目的地，便打开锁有邪恶和疾病的瓶子。从那时起，人类便受到衰老和死亡的诅咒，注定生来就会老死。雷电与生育的联系，在希腊人看来是消极的，相反在其他一些神话中却被认为是积极的。

五花八门的雷神武器

世界各地的雷神也是五花八门，他们使用的武器更加是花样繁多。闪电、神圣权杖、上天"超级武器"、外表像人但力量强大的神的愤怒，雷电的名字各有不同，古希腊中的霹雳，是由天上的铁匠赫菲斯托斯铸造给宙斯；而金刚神杵，也就是闪电或霹雳，是被印度次大陆的因陀罗和西藏的金刚所有，有着钻石般的纯洁，象征着佛教的稳定性。

雷神之锤是斯堪的纳维亚雷神托尔和德国雷神多纳尔著名的铁锤；印加人雷神开特盖尔在天空中漫游，他的弹弓和权杖闪闪发光发

德国雷神多纳尔著名的铁锤

出闪电，给地球制造了很多破坏；为了平息他的愤怒，人们用儿童向他献祭。

因陀罗是发射雷电者、印度的雷雨之神、天帝，他骑坐在白象，也就是那只三头巨象身上，常常用他危险的武器，金刚杵来袭击印度次大陆的居民。他是一个仁慈又粗暴的神，好战但富有同情心。他处理人间事务，是"解围之神"，赏识该当奖励的天才英雄。

在《因陀罗预言》中，我们可

以找到宇宙进化论、幸福的处方和预言学的内容。因陀罗杀死喝干宇宙中的水然后缠绕群山休息的干旱之蛇弗莱多，成为印度众神中的一员。因陀罗的金刚杵打开蛇的胃，释放出水，使生命重生，使黎明重现。雷电是生命之源，这不仅仅是一个神话！

公元前5世纪，赋予地球生命的因陀罗角色被毗湿奴所取代。因陀罗不再受人喜爱，因为在因陀罗的信徒所破坏的大城市中有湿婆和天后提毗的先驱。

在斯堪的纳维亚，手持雷神之锤的托尔是当地的雷神，具有超自然的力量。因为他保护人类免受邪恶侵害、赐予雨水、统治丰饶，他也是一

个仁慈的神，斯堪的纳维亚人特别喜爱的神，他消灭巨人族，毫不恐惧，他也是一个危险的勇士。他红色的胡须结成辫子，声音令人恐惧，眼睛射出闪电。他的铁锤像一个飞去来器一样，在打击后飞回到他手中。

雷声滚滚，是公山羊拉着托尔的战车在天穹巡游；雷击大地，是

天帝因陀罗

雷电

托尔在投掷他的武器。托尔的铁锤是刻有古代北欧文字的岩石上常见的石刻图案，在美丽的现代北欧人珠宝中也经常看到。

在诸神的黄昏中，托尔，在与他的宿敌——缠绕地球、威胁地球的宇宙之蛇尤蒙刚德。大战之后，英勇地死去。托尔致命的一击打破了巨蛇的头，之后却被毒蛇张开的大口中流出来的毒流淹死。

托尔和尤蒙刚德的传说与因陀罗和弗莱多的传说差异不大，是因为印欧神话像通常的印欧语言和文化一样，遵循着同样的模式。

◪ 专属"雷神"的日子

在斯堪的纳维亚语言中，"星期四"是以托尔的名字命名。所以在印欧各国，星期四是属于雷神的日子。

在斯堪的纳维亚和斯拉夫民族中，人们崇拜佩伦，佩伦具有和托尔相同的特征。俄语中表示雷电的单词很明显是来自斯堪的纳维亚预言。在波罗的海国家，雷神柏库那斯是树的人格化，代表旺盛的生命力，因此特别受到崇拜。

希腊的宙斯，罗马的朱庇特，印度的因陀罗，北欧、中欧和东欧的托尔和佩伦具有相似的特征和品质。他们是创造和赋予生机之神。他们有显著的共同点：全都挥舞一个可投掷的武器，拥有强大而神秘的力量，这些力量带领他们走向英雄之路，他们怒喝、惩罚、奖赏，

雷电是神的一种武器？

拥有智慧的秘密。

在等级观念压倒一切的时候，统治世界的权利从来都属于天神，而不是地球或海洋之神，即使在沿海国家如希腊或斯堪的纳维亚也是如此。

雷电是神的一种武器！在犹太教和基督教神话中，不正是在雷电的伴随下，耶和华降临西奈山，向摩西口述十诫么？在《启示录》中，在那伟大的最后审判日，雷电频繁出现，象征着上帝的惩罚。

高卢人祖先崇拜塔拉尼斯，他是明亮的天空和雷暴的化身，与罗马的朱庇特相似。他的象征是一个车轮，象征着滚雷，类似于罗马街道上车轮的声音。

他常常手持象征雷电曲折通道的S形钩出现在妖怪的头顶，象征着天空战胜大地、光明战胜黑暗、善良战胜邪恶、文明战胜野蛮。

崇拜塔拉尼斯的踪迹不仅在高卢，也可以在大不列颠、德国、匈牙利以及克罗地亚找到。在罗马统治下的高卢，塔拉尼斯的雕像被放置在柱子的顶部。

在西欧，一个古老的风俗劝导农夫们在雷暴发生时在他们的口袋中揣一块雷石，同时朗诵："彼得，彼得，保护我不遭雷击。"同样有许多其他圣徒也受到人们崇拜，共有20个以上。祷告可以平息神的愤怒。

◱ 雷鸟与猫头鹰

在北美地区西南部沙漠，不断闪现雷电的天空非常壮观，就像置身于外星球的景象，在这样的天空下，美洲土著人将他们的恐惧变成神话。比如新墨西哥的雷神和战神叫阿哈于塔的故事。

在北美的神话中，还有一种叫"雷鸟"的神物，是刻在图腾上的一只老鹰，它的翅膀扑打的时候，天空就会发出"轰隆隆"的响声，雷电从它闪闪发光的眼睛肿跳出来。在古代神话中，雷鸟虽然可怕，但是没有恶意，它虽然带来了雷电，但也孕育了森林和平原，带来了丰收和人丁兴旺。

雷鸟

在早期的美索不达米亚宗教，也有雷鸟的传说，作为一个巨大的黑色鸟，为农业文明的农民带来了急需的水的。它的形象是鸟的身体，狮子的头部，它漂浮在伸展双翼，雷鸣般的呐喊。

事实上，雷鸟这种动物是存在的，体长约40厘米，善走，飞行迅速，亦能在雪地上疾驰，但不能远飞，产于寒冷地区，是寒带地区特有的鸟类。

在哥伦比亚幽深潮湿的丛林中，雷电被人为是悄无声息拍打翅膀的夜间捕食者、死亡信使猫头鹰发出的声音。在这里，雷电不是雷神特有的武器，而是被视为来自大自然的一股神秘力量，是一种巨大能量循环必不可少的部分，是生命和魔法的原料，是来自太阳的种子，能为人类带来生命的种子。

猫头鹰

在非洲撒哈拉以南地区的约鲁巴族中，伟大的勇士尚戈用雷电实施统治。他的牧师手持尚戈雷斧，信徒们把装在象征雷电的Z字形手柄上的石斧作为供品献给雷神。

在那里，认为万物有灵的雷电女祭司通常挥舞一把雷斧，它象

太阳神殿女祭司

Isis

尚戈刚健有力，性情暴烈却热爱正义。他惩罚骗子、小偷和做坏事的人。所以被雷电击中是一种特别有损名誉的死亡方式。例如，住宅被闪电击中象征着尚戈的愤怒，房主必须向神职人员支付巨额罚款，并用供品来安抚尚戈，献祭给他的动物血液，通常是公羊。

征着尚戈女祭司的尊严。这是一把双刃斧，用木材刻制，手柄造型简洁，或是常常雕刻成一个裸体女性形象，象征仪式的纯洁，以下跪的姿态表示对神和国王的尊敬。

尚戈圣殿装饰着妇女、母亲和儿童的雕像。尚戈掌管着生命的诞生。他的标志是雷电、风雨，以及生育、植物生长、抵抗疾病传染的能力。

与其他神相比，尚戈更多地在移民地带留下其烙印。在巴西和加勒比海地区，即古巴和海地，都能发现他的足迹。在海地南部，尚戈控制着暴风雨天；在海地北部，人们将他与施洗者圣约翰联系在一起。

圣约翰非常狂暴，以至于在加勒比地区夏季雷雨期间，在他的庆祝日上，上帝让他喝醉，以减小他的权力。在古巴，尽管尚戈刚强有力，人们却将他与圣巴巴拉联系在一起，后者让人联想到发出巨大声响的事件。

非洲奴隶3个世纪前从这里登船，经过饱受死亡威胁的漫长旅途穿越大西洋后抵达中美洲和南美洲。在这个巨大纪念碑的脚下，你可以找到尚戈塑像以及丰族人的雷神克维奥索的塑像。

雷电之神克维奥索看起来像一头公羊，狂暴地冲入云中，吐出他的斧头，投掷出雷电。克维奥索同时也是战争之神，长着狗头或人头。在贝宁小村庄温格，你可以发现克维奥索与丰产之神古恩搭档，后者是为丰产施雨的文明之神。

与因陀罗的金刚杵或托尔的雷神之锤一样，尚戈的双刃斧既能破坏又能保护，具有相反力量的双重性。丰族人的雷斧较为简单。在班巴拉族人中，造物主法鲁用鞭子取而代之。但在马里的多贡族和班巴拉族，你也可以找到简单的斧头。

传说中水和丰产之神从天空中将斧头向地球抛出，之后，石斧或雷石放置在众神的圣殿中。它们被

班巴拉族人

用于抗旱或播种仪式，使生命苗壮成长。

雷石能吸引或驱除雷电：如果挂在屋顶，它们会驱除雷电；相反，放置在灌木中的掩蔽处，它们会吸引雷电。这个例子类似于高卢武士沿河流竖立长矛然后躺在附近的地上，他们相信这样做将受到保护免遭雷击。

在其他非洲部落，雷电化身成神鸟，与在古代日本被视为雷神须佐之男的蛇一样，时而邪恶，时而善良，甚至带来丰收和人丁兴旺。

雷公神像

被驯服的雷电

在中国道教神话中，雷电其实是驯服的。阳和阴碰撞产生雷电。掌管着神秘雷电的最重要的神是雷祖，他主管着由24个神仙组成的雷和雷暴部，其中最著名的神仙除雷祖本人外还有他的同事雷公，他长着蓝色的翅膀和丑陋的爪子，令人畏惧，专门惩罚犯有不为人所知的罪行的人。但是雷公只能打雷，雨师布雨，云童造云，风伯生风，电母掣电。电母用镜子将闪电反射到人间，或造成破坏，或带来丰饶。

《易经》把雷电与恐惧和战争，以及由此产生的规则和平衡相联系。雷电是世界和自然的骚动，是阴阳平衡被打破的结果。

在日本京都，30座神像包围着1001观音庙，其中的雷神，用雷击撼天动地，其目的是显示雷神的巨大威力而让人敬畏。

吴哥窟因雷电未建成的塔

尼泊尔西藏佛教文化强烈崇拜菩萨，其力量强大并富有同情心，向人类提供帮助和保护。金刚手菩萨一只手持金刚，是雷电慈悲为怀的男性象征；另一只手持法铃，即做法事用的手铃，是女性智慧的象征，暗示无常。和谐、直觉来源于无常智和慈悲心的结合。

许多菩萨都持有雷电权杖，如金刚萨锤、金刚总持、金刚手菩萨等。作为一个神圣的法器，尼泊尔西藏文化中的金刚代表法，而不是智慧与知识，后者由法铃象征，铃声象征雷声。

1994年3月，吴哥窟的高65米的中央宝塔被闪电击中。当时的两个首相之一立即赶到现场主持宗教仪式。

雷电对这座800年历史的寺庙建筑破坏很小，但这种自然现象被解释为一个非常不好的预兆，必须用一系列的赎罪仪式来抵消。事实上，吴哥窟在柬埔寨是权力、伟大、永生的象征。

如果你去参观这个迷人的景点，你还会发现茶胶寺，它的五座塔矗立在金字塔基础上。因为在施工时它被闪电击中，所以这座寺庙一直没有完成，它的墙壁上没有任何装饰。

大洋洲同样有很多关于雷电的神话。在阿纳姆地，今天的澳大利亚中北海岸，还可以找到最古老的与雷电有关的绘画。这个地区的土著民讲述着巨人加米布瓦的故事。

他挥舞着名叫拉兰磐的长矛，守卫海滩，防御外来者。然而，从婆罗洲来的入侵者打败了加米布瓦。加米布瓦临死时，发誓在每次雷暴时，入侵者将听到他的声音。在澳大利亚有时会看到拉兰磐像流星划过天空。有时它在岩石上弹回来，产生火花。

在阿纳姆地，闪电与其说是武器，不如说是一种精神和能量的源泉。再往西，冈温古人的传说更加不祥。雷电人那马安根双手各持一柄矛，在天空巡游。在雨季，他来自海洋，住在云中。但他不只是天气现象。

他用雷鸣的声音对人们训诫。如果有人行为不端，他的声音会激烈啸叫，他的剑划破天空，留下闪烁的弧线，引起树木和地面爆炸，杀死罪人。那马安根用天火在地狱焚烧不忠的妻子和她的情人。

吴哥窟

同样的神话存在两种说法，这与热带地区和气候温和地区雷电的不同有关，气候越温和，雷电也就越不那么"咄咄逼人"。毫不奇怪，在温暖和潮湿的地区，人们认为雷电是一个可怕的现象。

而在高纬度地区，雷电会引起人们的关注，但不那么可怕。毕竟，北半球人类的雷神托尔选择雷电作为他的武器，而他也本可以选择任何其他东西。在毛利人中，类人化的神泰恩运用闪电的力量，即神火，分开他的父母天空和地球，创造了世界。

塔瓦基是神话中的雷神，在波利尼西亚随处可见。他巡游在天空中并展示力量，从他的腋下投掷雷电。不过闪电的类型不同：来自闪电女的是平直闪电，来自闪电王的是分叉闪电。

雷也分几类，在各种仪式上更容易听到的是雷女的声音。世界各地从文明的最早时期开始，雷电就引发了许多神话。神话是人类缓和焦虑心理的反映。通过这些神话，人类深层次的需求、渴望和梦想交织在一起。

神话故事描述了不受时代影响的自然现象。潜藏在集体无意识中的相同思维方式造就了世界各地人类顶礼膜拜的神灵。这表明，人类自起源以来并没有改变，仍在感受着爱与恨、雄心和恐惧、报复与同情。

 迷你知识卡

雷神

我国古代神话里的雷神不止一个，最有名的一个出自《山海经·海内东经》："雷泽中有雷神，龙身人头，鼓其腹则雷。"据《史记·周本纪》的记载："姜源出野，见巨人迹，心忻然悦，欲践之，践之而身动，如孕者，约期而生子。"说的便是它了。

第2章 穿越时空
——看看古人的避雷绝技

1．令人着迷的雷电
2．世界上最早的避雷针
3．鱼尾瓦避雷
4．上帝的惩罚
5．第一个发现闪电奥秘的人
6．响彻天际的春雷
7．落地雷危害大
8．现代"人工引雷"

令人着迷的雷电

自人类起源以来，雷电就令人着迷，往往被当成强大的神的特征之一。这种令人惊异的自然现象有时令我们欣喜，但通常却让我们害怕！这不仅仅是因为它的破坏性，还因为一直伴随它的那种神秘莫测。今天，我们详细地对雷电加以研究，正是为了更好地理解它的行为方式。

你知道雷电对于大气中臭氧平衡有多么重要吗？你是否知道雷电有维持全球电路的作用？事实上，雷电不停地给地球补充负电荷；否则，由于大气具有弱传导性，地球负电荷将在10分钟内消失。

此外，雷电或许对我们这个星球上的生命进化起着至关重要的作用。早在1924年，俄罗斯生物化学家亚历山大·奥巴林出版了他关于生命起源的著作。根据他的假设，正是雷闪为几十亿年前在早期的地球上合成生命起源所需的气体创造了条件。

1953年，芝加哥大学哈罗德·尤里实验室的美国青年化学家

芝加哥大学

斯坦利·米勒在由沼气、氨、氢和水组成的气体混合物中进行了大量的高压放电，产生了几种生物学上典型的氨基酸和有机化合物。这是生物学史上迈出的一大步！

尽管地球之外其他富含碳的星球上产生的星际尘埃和热泉也是生命起源的三种可能性之一，但奥巴林的假设和米勒的实验迄今仍然吸引着大多数科学家。

雷电在地球生命进化中或许起至关重要的作用。雷电有助天然肥料的产生并作为全球电路的源头，同样为人类带来利益。

不幸的是，雷电同时也具有杀伤力和破坏性。因此，了解何时、为什么雷电会造成危害以及如何避免这些危害就显得尤为重要。如果

触发雷电

说，在类似法拉第笼作用的坚固建筑物中通常不存在防护困难，那么在一个孤立的小房子里，特别是在山区，情况就完全不同了。

被雷电冲击的平原很危险

如何实现适当防护呢？有时很困难，但如果应用一些标准的防护规则，通常是可以实现的。目前，尚没有一种能够抑制雷雨云雷电放电发生的方法。因而，及时警告和适当保护仍然是避免雷电有害影响的最好选择。

如果云地间雷电放电直接击中建筑物或附近大地，则可能损坏这些建筑物或其内部物体并致人死亡或受伤。

◪ 世界上最早的避雷针

公元1500年，伊特鲁尼亚人就对自然现象进行了观察，伊特鲁尼亚人是当年居住在意大利亚平宁半岛中北部的人，他们发明了罗马数字，至今还在钟表上使用。当时他们还修建了第一批石券拱门和砖石输水道等古罗马著名建筑，并向罗马人传授了建筑技术。

希腊字母在由伊特鲁尼亚人传授给罗马人后，最终转变为今天世界上广泛采用的拉丁字母。著名的法国葡萄酒也可以追溯到伊特鲁尼亚人的葡萄种植园，伊特鲁尼亚文明跨度有900多年，相当于从我国的西周中期，一直到汉武帝的时代。

正是对自然科学有着悠久研究历史的伊特鲁尼亚人，可能是最早提出物体尖端会吸收雷电。在埃及人的神庙周围，祭祀建造了高高的桅杆，上面覆着一层铜皮，这可以被看做世界上最早的避雷针。

鱼尾瓦避雷

对于避雷针的发明，有人说，捷克牧师普罗科普·迪维什于1754年安装了第一个避雷针。更多的人认为是美国的富兰克林于1753年制造了世界上第一个避雷针。实际上，我国在1688年以前也制造和使用了避雷针。

三国时期和南北朝时期，我国古籍上就有"避雷室"的

中国古代的避雷针

记载。据唐代记载，我国汉代就有人提出，把瓦做成鱼尾形状，放在屋顶上就可以防止雷电引起的火灾。在我国的一些古建筑上，也发现设有避雷的装置。

法国旅行家卡勃里欧别·戴马甘兰游历中国之后，在1688年写的《中国新事》一书中有这样一段记载：当时中国新式屋宇的屋脊两头，都有一个仰起的龙头，龙口吐出曲折的金属舌头，伸向天空，舌根连着一根根细的铁丝，直通地下。

这种奇妙的装置，在发生雷电的时刻就大显神通，若雷击中了屋宇，电流就会从龙口沿线下行泄至地下，起不了丝毫破坏作用。由此可见，聪明才智的我国劳动人民在古代就懂得了避雷知识并且发明了相关装置。

避雷针发展到今天，世界上发现了更安全的避雷针。更安全的避雷针已不是针状，而

像鸡毛掸子。这种避雷针是由两位美国人发明的。据最近美国《纽约时报》报道，这种避雷针中心是一根管子，其顶端引出2 000条细细的导线，这些导线呈辐射状分布。这种方式可以更好地驱散聚集在建筑物周围的静电荷。

目前，我国研制成功了半导体消雷器，它的防雷效果远远超过避雷针，也远远超过美国、法国、澳大利亚生产的同类产品。半导体消雷器具有两大功能，当建筑物上空出现强雷云的时侯，它发出长达1米的电晕火花，中和天空电流，起到消减雷击的作用；万一雷击下来，半导体消雷器上的有关装置，可以把雷击放出的强大电流阻挡住。

现在我国已有24个处于强雷区的单位装上了半导体消雷器，经过几年的试验，证明它确实一次又一次地使建筑物化危为安。虽然有关部门建议国防工程、气象、电力、通讯广播部门应尽快推广半导体消雷器，以减少雷击损失。但在实际上，消雷器也不一定管用，因为雷电还会选择侧击，真是防不胜防。

公元前60年，有个拉丁诗人叫克莱修，他写了一首诗，以生动地诗歌解释了雷电与流动的火的一些现象。他的解释已经非常接近近现代科学。他也解释了亚里士多德关于闪电比雷声快的想法。

古往今来，有许多勇士用自己的方式尝试避雷，有人想过戴着桂枝防雷，只因为有人提过雷不会降

避雷针

落在桂枝上，而威严的罗马帝王亚历山大在发生雷暴的时候，竟然躲在小牛的尸体下防雷。

做了著名的"马德保半球实验的"罗马帝国小市长奥托·冯·居

里克居里，他不仅证明了"真空"的存在，还在1663年制成第一台起电机，它是一个靠摩擦起电的转动硫磺球，能产生比以往大得多的电量。

在做实验的过程中，这位孜孜不倦追求真理的市长发现有一些电荷相互吸引，有一些又相互排斥，他由此发现存在两种电荷，就是现在我们都知道的正负电荷。

从史前开始雷电就给人们留下了深刻的印象，但是直到18世纪，物理学快速发展时，它的面纱才被真正掀开。

◪ 上帝的惩罚

16世纪以前，人类对于雷电的性质还不了解，那些信奉上帝的人，把雷电引起的火灾看作是上帝的惩罚。但一些富有科学精神的

避雷针塔

人，则已在探索雷电的秘密了。

16世纪近代科学先驱英国的弗兰西斯·培根、法国的勒内·笛卡儿、意大利的伽利略等人在反对封建宗教神学和经院哲学的斗争的潮流中倡导和宣传了正确的科学思想和科学方法，对当时及后人产生了重大影响，把科学实验提到很重要的地位，在这个基础上建立理性的思维，怀疑一切教条和无根据的论断。

17世纪时就开始了大量的科学研究，国际上关于雷电的研究起源于1926年弗龙·博伊斯发明的高速照相机。许多学者进行实验观察，在18世纪中叶对电的本性建立了科学认识，在这基础上很快把雷电的神学面纱揭穿，从而初步建立起雷电科学。

先要归功于创造第一个可以人工制造电的起电机的盖利克，他于1653年做了一个直径十多厘米可以旋转的硫磺球，通过摩擦可获得足够的电来做各种研究，并于1672年首次观察到电荷的推拒作用。

英国格雷于1729年发现物体

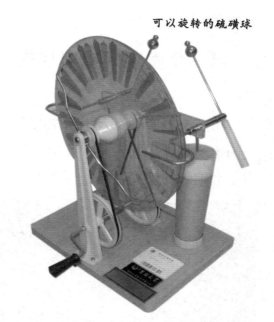

可以旋转的硫磺球

可区分为二类：导体和非导体。在他的工作的影响下，法国杜菲做了类似的实验，约在1734年确定电荷可分为二种，一种被他称为玻璃型的，今天我们称为正电，一种被他称为树脂型的，今天我们称为负电，同类相斥，异类相吸。

德国主教冯·卡莱斯特和荷兰的莱顿城物理学家穆欣布罗克先后于1745年和1716年发明了来顿瓶并用来表演电的实验。

莱顿瓶是一个玻璃瓶，瓶里瓶外分别贴有锡箔，瓶里的锡箔通过金属链跟金属棒连接，棒的上端是一个金属球。

第一个发现闪电奥秘的人

第一个把实验室人工产生的电与闪电产生联想的人是曾任伦敦皇家学会馆长的豪克斯比，1706年他使玻璃圆筒摩擦带电，研究它的发光，看到这种闪光与闪电很相似。次年，另一英国人华尔使用琥珀摩擦起电获得更多的电，观察到放电不仅产生闪光，且产生类似雷鸣的响声，因此认为雷电很像"地电"的放电。

莱比锡大学语言学教授曾经发表长达27页的论文，论证了他用莱顿瓶产生的强大的火花放电与雷电的相似，认定雷电就是一种电荷含量更多的火花放电。

到达这一步还只是一种科学的猜想，真正证实天电与地电的同一性的人是富兰克林，他把天电引到地上来作实验，才使人们信服无疑，这是

莱顿瓶

莱顿瓶原理

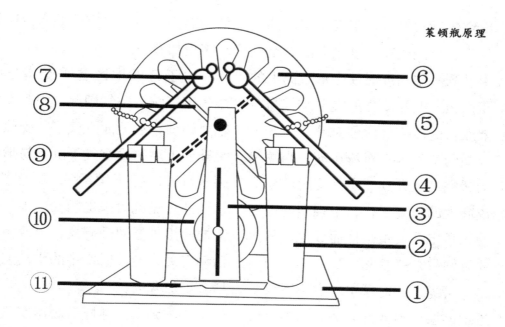

⑦ 放电小球

① 底座　　　④ 放电叉　　　⑦ 放电小球　　⑩ 驱动轮
② 莱顿瓶　　⑤ 悬空电刷　　⑧ 固定电刷　　⑪ 连接片
③ 支架　　　⑥ 铝箔片　　　⑨ 莱顿瓶盖

雷电科学发展史上关键的一步。

　　他到达这一步之前成功地做了一系列实验研究并做出许多重要发现，为这一步奠定了基础。首先他研究了电荷分布与带电体的形状的关系，从面认识了尖端放电，并改进了莱顿瓶，这使他可以获得大量的电荷，用以产生强烈的火花放电，因而在1751年伦敦出版的《电的实验与观察》上总结指出："到1749年11月7日为止，可以举出人工放电与闪电在12个方面是相似的，但是尚未能判明雷电是否也可以被尖端所吸引。"

　　于是他决定设计实验来考察，这正是他的高明和所以成为雷电科学和防雷技术上有划时代贡献的科学家的成功之处。

◪ 响彻天际的春雷

　　每年春季，尤其在惊蛰以后，明显增强的暖湿空气与负隅顽抗的冷空气激烈对峙，引发了强烈的空气垂直对流运动，当潮湿的暖空气上升到一定高度时就会形成高大的积雨云，明显增强的暖湿空气与负隅顽抗的冷空气激烈对峙，引发了强烈的空气垂直对流运动，当潮湿的暖空气上升到一定高度时就会形成高大的积雨云，云中强烈的电场使正负电荷发生碰撞而放电，从而使万钧雷霆骤然发生。

可见，此时雷电的发生不仅与近地面层气温回升有关，与冷空气活动有关，与此时空中的水汽明显增多更加有关。

由于江淮地区春季受南方暖湿气流影响，空气潮湿，同时太阳辐射强烈，近地面空气不断受热而上升，上层的冷空气下沉，易形成强烈对流，所以多雷雨，甚至降冰雹。并可见此时雷电的发生不仅与近地面层气温回升有关，与冷空气活动有关，与此时空中的水汽明显增多更加有关。

春季到了，伴随着暖湿空气势力的增强，有了充沛的水汽，高耸的雷雨云系得以发展，所以春雷年年有。

人们总结出：冬季大气干冷，则无雷；春季水汽渐起，则初雷；夏季高温潮湿，则雷盛；秋季水汽渐去，则雷潜。春季到了，伴随着暖湿空气势力的增强，有了充沛的水汽，高耸的雷雨云系得以发

改进莱顿瓶

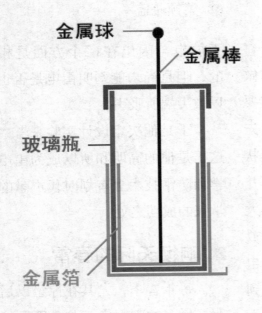

金属球

金属棒

玻璃瓶

金属箔

雷雨云

展，春雷才得以响彻天际。

◣ 落地雷危害大

闪电是雷雨云体内各部分之间或云体与地面之间，因带电性质不同形成很强的电场。由于闪电通道狭窄而通过的电流太多，这就使闪电通道中的空气柱被烧得白热发光，并使周围空气受热而突然膨胀，其中云滴也会因高热而突然汽化膨胀，从而发出巨大的声响。

在云体内部与云体之间产生的雷为高空雷；在云地闪电中产生的雷为"落地雷"。落地雷所形成的巨大电流、炽热的高温和电磁辐射以及伴随的冲击波等，都具有很大的破坏力，足以使人体伤亡，建筑物破坏。

如1986年4月，湖南省溆浦县的观音阁、双井、低庄乡等地，乌云压顶，风雨交加，电闪雷鸣……随着一道强烈的闪光，一声震耳的霹雷——落地炸雷，殃及了三个乡六个村庄，顿时一片混乱，雷声、雨声、风声、哭声、喊声混杂在一起。

据地、县联合调查组调查，当场雷击死亡7人，伤10人，其中重伤3人，有一名死者的头发、衣物全被烧化，身躯也被烧焦变形，惨不忍睹。

雷击伤亡事故发生后，经调查发现：这一带居民屋内电线安装凌乱，走线位置很低，死亡的7人中就有5人是在照明电灯和开关下被雷击中的；雷击前室内相当潮湿，

"落地雷"

给雷击事故的形成创造了条件。所以电线的安装必须符合要求，而雷电时，远离易导电的金属物体，保持室内干燥是预防雷击的重要措施之一。

◣ 现代"人工引雷"

随着科学技术的迅速发展，雷电这一自然现象已基本上被人们了解。但是我们应当在了解雷电的基础上，做到控制雷电并使之为人类服务。怎样才能利用雷电呢？

一提起利用雷电，我们就会联想到打雷下雨时雷声隆隆、电光闪闪的壮观景象。大家一定会认为

闪电可以释放出大量的能量，并企图利用闪电的能量。但是，利用闪电的能量有一个困难，就是闪电不能按照人们的希望在一定的时刻发生。换句话说，就是闪电不易控制。

另外，虽然闪电是最常见的自然现象，但是据统计，每年在每平方公里面积上平均只有一两次闪电。

雷雨云单体的尺度从1千米至10千米，所以各次闪电都隔着很大的距离。有人测量并统计过，在强雷雨时闪电之间的平均距离是2.4千米。在弱雷雨时闪电之间的平均

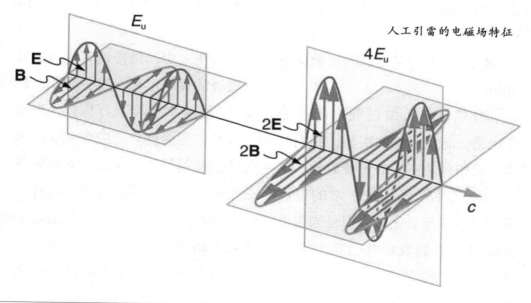

人工引雷的电磁场特征

硝石是很好的化肥

距离是3.7千米。

如果竖立一根很高的铁杆引雷，雷击的次数要多些，但是闪电击中铁杆的次数仍不很多。有人统计过，在一个雷雨季节，雷电击中高400至800米的避雷针的次数也不过20次。

很早就有人做过利用闪电制造化肥，肥沃土地的实验。我们知道，氮和氧是空气的主要成分。氮是一种惰性气体，在平常的温度下，它不易与氧化合，但是当温度很高时，它们就能化合成二氧化氮。

如果我们有兴趣，可以做一个简单的实验：用一个封闭的玻璃瓶，里面充满空气并插上电极。通电时，电极间就有耀眼的火花闪耀。

火花之中，慢慢地有黄色的氮气燃烧的火焰出现。过一会儿，原来无色的空气会变成红棕色，把瓶子打开，迎面就有一股令人窒息的气味，这就是二氧化氮。如果再往瓶子里倒些水，摇晃几下，红棕色的气体马上消失，二氧化氮溶解于水变成硝酸。

自然界的闪电火花有几千米

长，温度很高，一定有不少氮和氧化合生成二氧化氮。闪电时生成的二氧化氮溶解在雨水里变成浓度很低的硝酸。它一落到土壤中，马上和其他物质化合，变成硝石。硝石是很好的化肥。有人计算过每年每平方千米的土地上有100克到1 000克闪电形成的化肥进入土壤。

人工闪电制肥实验的作法有很多，这里只举一个例子。有人在田野里竖立三根杆子作为制肥器，一般是木杆，杆高约20米，杆距120米，杆子顶部装有金属接闪器，用金属导线从接闪器一直引到地下埋入土中。建立后，曾进行了两次雷击实验。

在每次雷击后对实验地段附近地区的雨水及土壤进行化学分析，测量

其中硝酸态氮含量的增减。

第一次雷击强度较小，比较明显的范围半径约15米，有效面积约0.07公顷左右。经过土壤分析。结果是约增氮0.94千克至1千克，相当于硫酸铵每公顷70.5千克至每公顷75千克。第二次雷雨强度较大，以实验地点为中心50米半径范围

科学家秘制火箭人工引雷

内，平均每公顷增加40.5千克，相当于硫酸铵203.25千克。

从以上实验可以看到，雷电确实起到了把空气里的氮"固定"到土壤里去的作用。更有趣的是，有人为了验证人工闪电制肥实验的效果，在实验室里用人工闪电做了实验。

结果，经过闪电处理的豌豆比未处理的提早分枝，分枝数目也有增加，开花期也提早十天左右；处理过的玉米抽穗提早了七天；处理过的白菜增产15%～20%，证明闪电对农作物确有一定好处。

虽然这些数字只是从次数不多的试验中分析化验的结果，但是它可以直观地说明，闪电可以增加土壤里的氮肥，对农作物的生长有一定好处。

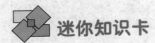 **迷你知识卡**

臭氧

氧的同素异形体，在常温下，它是一种有特殊臭味的蓝色气体。臭氧主要存在于距地球表面20千米的同温层下部的臭氧层中。它吸收对人体有害的短波紫外线，防止其到达地球。

电荷

带正负电的基本粒子，称为电荷，带正电的粒子叫正电荷，带负电的粒子叫负电荷。

半导体

指常温下导电性能介于导体与绝缘体之间的材料。半导体在收音机、电视机以及测温上有着广泛的应用。

第3章 奇闻
——用风筝和钥匙"抓"雷电的人

1. 想把上帝和雷电分家的狂人
2. 引起巴黎轰动的实验
3. 凯瑟琳电轮
4. 点不着的酒精棉
5. 用风筝"抓"雷电的人
6. 全世界科学界的轰动
7. 为雷电牺牲的科学家
8. 印刷工富兰克林

◧ 想把上帝和雷电分家的狂人

在18世纪以前，人们还不能正确地认识雷电到底是什么东西。当时人们普遍对雷电有多种说法，有人相信雷电是上帝在发怒。一些不信上帝的科学家曾试图解释雷电的起因，但都未获成功，学术界比较认可的说法是认为雷电是空中"气体的爆炸"。

妻子丽德被莱顿瓶击伤这件事，使富兰克林开了窍。那震耳的轰鸣，惊心动魄的闪电，正如空中的雷电。经过反复思考，富兰克林于是写出

富兰克林

了电的实验与观察，他提出，如果在建筑物又高又尖的上竖起一个金属电极，并以金属丝相连，然后埋到地上，这样就会把雷电引入能容纳大量电荷的大地，闪电将被传送到地下，由此避免建筑物被雷击或起火。

经过反复思考，富兰克林在进行他的风筝实验之前就写了一篇名叫《论天空闪电和我们的电气相同》的论文，其中指出，用适当安装的尖顶铁棒可以从雷云收集电，他说，"为了确定包含电闪的云是否带电，我特提出在方便的地方试做一个实验。在高塔或尖塔的顶端放置一个可以容纳一个人和

"想把上帝和雷电分家的狂人"

一个电架的类似岗亭的东西。电架中部有一根铁杆弯曲的伸出门外，并向上伸展20到30英尺，末端极尖。如果电架保持干燥而又清洁，那么当雷云低低飘过时，站在电架上的一个人就可被电击中，并能产生火花，因为铁杆从云引来电火给他。"

富兰克林将这篇论文寄给了

英国皇家学会，期待引起注视，得到的却是一阵嘲笑。有的说，"他竟想把上帝和雷电分家，真是痴人说梦。"还有的说，"美洲的土包子也想研究科学，可笑。"最后人们嗤笑他是"想把上帝和雷电分家的狂人"。

▧ 引起巴黎轰动的实验

富兰克林也在他的报纸上宣

富兰克林

传他这本书，可是，在北美大陆也没有产生大的影响，而富兰克林也未做这方面的试验，或虽做了试验但并未取得成果。但富兰克林没料到的，他的这种推测很快就被翻译成法语，甚至引起了法国科学家们的注意，被一位科学家在巴黎科学

会议上所宣读。

一群法国电气工程师在1752年5月按照自己的方案进行了试验，不过与富兰克林设想的有所不同，他们安装了三个高达40英尺的避雷针，当看到有雷电的时候，一名科学家拿起一个莱顿电瓶冲了过去，

富兰克林与雷电图片

并成功的将电收集了。

几个月后，富兰克林才知道，法国人已经抢了他的生意。按照18世纪之前科技界的潜规则，富兰克林已处于被动地位，这项成果很有可能成为法国人的囊中之物。

第一个用这样的铁杆收集大气电的人是法国植物学家达利巴尔，他在巴黎附近的马利树起了一根40英尺高、直径1英寸的尖顶铁棒，还把铁棒下端弄弯，连接到一个小木棚里的一张绝缘桌上，然后他在小木棚里观察这个实验，他希望能在铁杆顶端看到发光现象，并能从底端引发火花。

最初实验并不成功，达利巴尔不可能一直呆在小木棚里，他不在时就把观察任务委托给一个名叫库瓦菲埃的龙骑兵，库瓦菲埃这个人并不傻，他害怕雷击，为了自身的安全，他把一根黄铜丝接到莱顿瓶上。

1752年5月，库瓦菲埃第一次在一场雷雨中观测到从铁杆下端引发了长约1英寸的火花，并持续了几秒钟。然而库瓦菲埃激动之下，手臂上遭到了电击，留下了一道伤痕，事后达利巴尔告诉他，他身上散发出硫的气味。

这次试验在巴黎引起了轰动。

一周以后，德洛尔同样在巴黎树起了一根长铁棒，不过他更长，达到了99英尺，经过一段时间也取得了成功。同时期，还有不少科学家受此激励，也在进行研究，如勒莫尼埃在圣日尔曼树起了一根只有32英尺高的铁棒，他想试验在较低的高度下是否依然能引来雷电，没想到很快就有了结果。

1752年6月7日，在一场大雷雨中，勒莫尼埃就发现了电火花。勒莫尼埃继续试验，结果发现，甚至

富兰克林与雷电

用仅高出地面一米多一点的铁棒，就能在雷雨时能收集到电；让他比较惊讶的是，当他自己站在自家花园的一个绝缘体之上举起一只手时，竟也带上了电。

实际上这也好理解，云的流动与摩擦能产生静电，而风的流动与摩擦一样也能产生静电，所以，在一米多高的地方能发现电是并不奇怪的。

◣ 凯瑟琳电轮

富兰克林所以想到发明尖细的避雷针，是因为他在那次著名的野餐时，用到的旋转的烧烤装置，学名叫凯瑟琳电轮，就是利用尖端放电，以及尖端放电产生的电风来驱动电轮旋转。

在讲到尖端放电时曾说过，通常情况下，空气是不导电的，但是如果电场特别强，空气分子中的正负电荷受到方向相反的强电场力，有可能被"撕"开，这个现象叫做空气的电离。

空气的电离

从而使避雷针顶部的空气电离

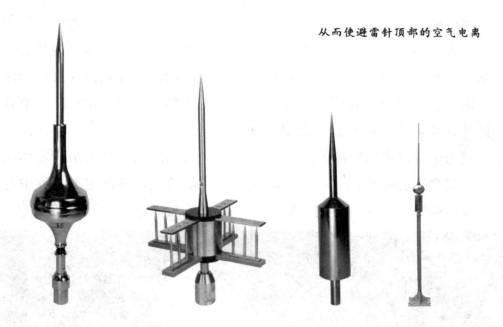

由于电离后的空气中有了可以自由移动的电荷，空气就可以导电了，空气电离后产生的负电荷就是负离子，失去电子的电荷带正电，叫做正离子。

静电有一个特性，当导体表面有电荷堆积时，电荷密度与导体表面的形状有关。在凹的部位电荷密度接近零，在平缓的部位小，在尖的部位最大。当电荷密度达到一定程度后，电荷产生的电场会很大，以至于把空气击穿，空气中的与导体带电相反的离子会与导体的电荷中和，出现放电火花，并能听到放电声。

通俗的讲，我们知道，磁铁磁性最强的部分是两极，而中间的磁性微乎其微，而静电与磁性相类似，它只存在于表面，而且，铁钉尖端的表面积很小却要储存大量的电荷，所以它放电的能量很高，表现为导体尖端的电荷特别密集，尖端附近的电场特别强。

当这种电场强到能"撕"开空气时，致使其附近部分气体被击穿而发生放电。如果物体尖端在暗处或放电特别强烈，这时往往可以看到它周围有浅蓝色的光晕。这就是尖端放电。

人们常说不要在大树底下避雨，容易引起雷击，大多数容易引起雷击破的原因即在于在大气中，树及其他带尖顶或突起的地物有可能成为尖端放电的电流源。

富兰克林就是以此原理试图以尖端放电吸引雷电转移到大地中。

当带电云层靠近建筑物上尖尖的避雷针时，建筑物会感应上与云层相反的电荷，这些电荷会聚集到避雷针的尖端，达到一定的值后便开始放电。

雷电的实质是两个带电体间的强烈的放电，在放电的过程中有巨大的能量放出。建筑物的另外一端

富兰克林轮

与大地相连，与云层相同的电荷就流入大地。

点不着的酒精棉

关于避雷针的避雷原理也可以以"点不着的酒精棉"这一实验来解释。

将两个装有绝缘柄的圆形薄铝板用夹子一上一下固定在绝缘支座上，板面平行，间距约4厘米。把一块浸了酒精的棉球，放在下板上，用导线把两板分别与莱顿瓶两极相连，棉球与上板间出现"啪啪"的放电声，很快，酒精棉被电火花点燃。

在以上实验中，如果在酒精棉球上放一个针状金属物并与下面的金属板连接，接通莱顿瓶，这时，酒精棉将无法点燃。

富兰克林发明的避雷针是有重大意义的，避雷针的发明迄今已有240多年的历史了，由于它的保护使万千幢高楼大厦摆脱了雷电的威胁，为人类的文明和繁荣做出了贡献。

另再讲一下尖端放电与电风

富兰克林的实验

车。

凯瑟琳电轮被富兰克林变换出了许多的玩法，因此，后人又称为富兰克林轮。先具体讲一下富兰克林轮能旋转的原理，起电机与风车底处的针相连，假设是正极相连，使电风车叶轮带上正电并在尖端处产生尖端放电，叶轮尖端附近产生大量的正、负电子，其中正电子受到带正电的叶轮尖针的排斥而飞向远处，负电子受到叶轮尖针的吸引而趋向尖针，如此，电风车就开始旋转。

由此可知，尖端放电是会发射和吸引电荷的，富兰克林也以试验做出了证明，

将把一个装有绝缘底座的圆形铝片放到风车的一侧8～10厘米处，用导线将铝片和验电器相连。

起电机放电后，风车因尖端放电而旋转，这时会观察到，验电器的箔片将张开，说明铝板上有电，而铝箔上电的来源就是风车尖端放电产生的。

这也可以说是另一类型的"感应起电，"也可以说是最早的"无线电。"由于这一发现，电风车又可以玩出新花样，

起电机与一块圆形铝片相连，在铝片间隔几厘米的地方，直竖着一根尖针，然后将针与一个风车相连，当铝片上通电后，就会发现并没有与起电机相连的风车竟也旋转了。

不过，风车有时会顺时针，有时却会逆时针旋转，这是由于与起电机连接的电极不同，顺时针旋转

维姆胡斯特起电机

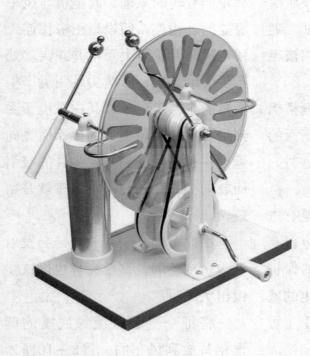

是连接的正极，是利用电的排斥作用；而如果连接负极，就是逆时针旋转，是利用电吸引的作用。

这种尖端放电的实验还可以再进一步，可能有人已经想到了，即利用一架电风车驱动另一架电风车旋转，所要做的不过是在两个风车间加一个铝片。

这样，似乎尖端放电的实验已经做到了极致，可是你相信吗，还可以玩出花样，是什么花样呢？

可以用蜡烛火焰来驱动电风车旋转，因为在上文中曾讲过，蜡烛火焰是一种电离剂，烛焰的高温将其周围空气分子电离成大量的正离子和负离子，因此使空气导电。

用蜡烛火焰来驱动电风车旋转除了铝片外还要在中间加上一根点燃的蜡烛。人们会惊奇的发现，两块铝片，一根蜡烛，可是，神奇的风车就能被驱动了。

其过程是，莱顿瓶或起电机的电通到铝片上，电再通过已被蜡烛电离并能导电的空气传导到另一个铝片上，这块铝片带上电后再传到风车上，风车于是旋转。

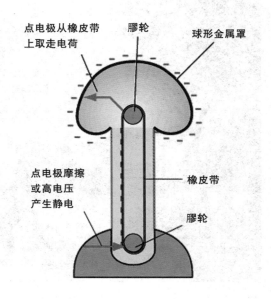

范德格拉夫起电机

点电极从橡皮带上取走电荷

膠轮

球形金属罩

点电极摩擦或高电压产生静电

橡皮带

膠轮

如果把蜡烛火焰两块铝片间移出来，那么电风车马上停止旋转。

富兰克林多机灵，立刻开动报纸宣传自己的成就，本来法国人达利巴尔、德洛尔和勒莫尼埃名声大振，但富兰克林来了个釜底抽薪，让他们的一切研究都成了在自己的基础上进行的。

结果，在未做风筝试验之前富兰克林就迅速成名了，以前他只是在费城这个地方知名，但现在，法国、美国、英国人都知道了他。

由于达利巴尔、德洛尔和勒

捕捉雷电的父子

莫尼埃等人的试验，富兰克林更加确信雷电就是电。其实，水汽和云层摩擦，例如气流的上升产生的摩擦，发生了电子的转移，形成静电，当正电荷与负电荷积累到一定程度，两者相遇，就会发生强烈的火花放电，这就是雷电。

◼ 用风筝"抓"雷电的人

雷电，对于人类来说是神秘且可怕的，西方人以为闪电是"宙斯的武器"，是圣火、神火，东方人以为雷电是雷公电母的威力。雷电给人类带来许多灾难，除了能致人死亡之外，还能破坏高层修建，使森林起火。

富兰克林决心完全揭开雷电之谜。1752年7月的一天，富兰克林在费城进行了轰动一时的风筝实验。那一天雷声哄哄，暴风雨就要来临。富兰克林和他儿子威廉拿着早先用一块大丝绸做成一只风筝来到了野外，这个风筝与一般的风筝不同，它的骨架上装着金属丝。

威廉握着线团，富兰克林拿着风筝，乌云一团团的压下来，富兰克林不知道自己这次实验会是什么结果，是失败，是成功？或者是否会承受上天的暴怒？他们忐忑不安。

风筝飞了起来，大雨倾盆，雷光电闪。富兰克林在暴雨中扯着风筝线，拉着儿子跑到一所建筑物内。他掏出一把铜钥匙，系在风筝线的末端。风筝在电闪雷鸣的云层中飞翔，可是，过了一会儿，仿佛什么也没有发生。

父子俩有点气馁了。突然，一道闪电掠过。风筝线上有一小段直立起来，被一些看不见的力移动着。富兰克林觉得他的手有麻木的感觉，就把手指靠近铜钥匙。瞬间，钥匙上射出一串电火花。幸运的是，雷电没有直接击到他们的风筝上。

"哎哟！"富兰克林叫喊了一声，赶紧把手离开钥匙。无限的欢乐也像电流一样，顿时传遍他的全身。他喊起来，"威廉！我受到电击了！现在可以证明，闪电就是电！"幸运的是这次传下来的闪电比较弱，富兰克林没有受伤。

富兰克林顾不得危险，将莱顿瓶放到钥匙下，让钥匙直接给莱顿瓶充电。威廉看到瓶上电火花闪烁，惊喜得张大了嘴巴。事后，富兰克林用莱顿瓶收集的闪电，进行了一系列实验，证明它的性质同用起电机产生的电荷完全相同。

后来，富兰克林怀着激动的心情向朋友报告了实验结果。他在信里是这样写的，当带着雷电的云来到风筝上面的时候，尖细的铁丝立即从云中吸取电火，而风筝和绳索就完全带了电，绳索上的松散纤维向四周直立开来，可以被靠近的手

富兰克林的风筝实验

本杰明·富兰克林

指所吸引。

当雨点打湿了风筝和绳索，以致电火可以自由传导的时候，你可以发现它大量地从钥匙向你的指头流过来。

从这个钥匙，可以使莱顿瓶充电，用所得到的电火，可以点燃酒精，也可以进行平常用摩擦过的玻璃球或玻璃管来做的其他电气实验。于是带着闪电的物体和带电体之间的相同之点就完全显示出来

了。

预言被证实了！闪电确实是一种放电现象，它和实验室里的电火花完全一样！

▣ 全世界科学界的轰动

摩擦起的电既然与雷电是一样的，在富兰克林的风筝试验后，人们不由要猜测，达到一定的电量后，不是要产生一样的威力吗？如此一来，电不是可能很有用吗？

后来也正是这一试验，人们将富兰克林奉为18世纪的普罗米修斯，不过将天火盗取给人类的普罗米修斯被宙斯捆缚在悬崖上，而富兰克林则名声日隆。

风筝实验的消息，做为媒体人的富兰克林自然知道如何炒作，果然引起了欧洲科学界的轰动。富兰克林的电学理论取得了决定性的胜利。他的著作被译成意大利文、德文、拉丁文，在全欧洲得到了公认。

在真理与富兰克林的炒作面前，英国皇家学会的权威们为之前对他的嘲笑作了反省，他们重新评

议以前为他们所嘲笑的论文，按照富兰克林的方式做了实验，结果证明富兰克林的正确。英国皇家学会给富兰克林送来金质奖章，并且邀请他当皇家学会会员。

而在法国，法国人达利巴尔、德洛尔和勒莫尼埃的实验却是为富兰克林做嫁衣裳，整个法国无人不知富兰克林的大名。就连俄国人也知道了富兰克林的风筝实验。

◪ 为雷电牺牲的科学家

利赫曼是俄国著名的电学家，曾经在1745年发明静电计。他也对富兰克林的实验感兴趣，并把一根大约两米长的铁杆固定在屋顶，然后接上一根金属导线再通入屋里。可是一直没有检测到电。

1753年7月，利赫曼看到就要下雷雨，急忙赶回家观测他的实验，虽然他以往做这个实验时也是小心翼翼，但一直未观测到电且天上还未下雷雨，于是他掉以轻心了，利赫曼走近仪器，察看静电计。就在这时，金属线射出一团拳头大小、淡蓝色的火球，利赫曼欲避不及，直接被火球击中前额，随之一声巨响，利赫曼一哼未哼仰面倒下！

利赫曼的遇难再一次引起了科学界的震惊，人们更加重视雷电这一现象。富兰克林成为了各国科学院的院士，受邀到各国表演电学实验，在美国独立战争之前，他就已经积累了不小的名气。

利赫曼的遇难，使许多人对雷电试验产生了戒心。但是富兰克林由达利巴尔、德洛尔和勒莫尼埃的实验省悟到雷电的确是可以避免

为雷电牺牲的科学家

古老的欧洲建筑已经有了避雷针

的。他急切的想发明真正实用的避雷针，这因为欧洲盛行哥特式高层建筑，特别是教堂，，高高的哥特式建筑能显出上帝的威严与高高在上。可是，令人奇怪并搞笑的是，上帝并不保佑他的教堂，而常常被雷劈的恰恰是教堂。

对于避雷针，我们中国人一般感觉这种极为简单的发明意义并不大，但是如果了解欧洲人的建筑习惯，就会明白这真是一个了不起的发明。

这种一百多米高的，雄伟壮观的大型教堂显示出宗教的尊严与威严，而哥特式建筑也影响到世俗建筑，贵族们在其领地所建的房子也常常是四五十米高，这种高度的房子极易遭受雷击，使得花费大量人力物力财力的建筑损毁，可是人们又别无他法。

鉴于避雷针对于欧洲建筑的重要性，富兰克林一心想取得成果。没过多久，富兰克林就试制成一根实用的避雷针。

他把一根几米长的铁杆，用绝缘物固定在屋顶，铁杆上的导线通到地里。如果雷电来袭，雷电就沿着金属棒通过导线直达大地，房屋建筑因此完好无损。

◪ 印刷工富兰克林

富兰克林开动他的宣传机器，在报纸上大肆报道，并做了许多避雷针，分送给他的朋友和邻居，甚至如有读者感兴趣，会免费赠送，然后让他们装在屋顶上，这样就能避免雷击。

可是并不顺利，避雷针免费试用都没人要，富兰克林为推广这项

科学最终战胜了愚昧

技术，在报上登出广告，在整个勃兰地兹地区都可以免费试用，虽然来试用的人依然很少，但在整个地区，为数已经不少了。

也是在这时，富兰克林受到了敌视与攻击，整个欧洲都是基督教国家，教会和信徒听到富兰克林的宣传后大怒，这分明是故意冒犯了上帝，如果触怒了上帝，会带来大难，人们骂他"胆敢干预上天的事情"，是"狂妄"。他们攻击富兰克林，还把已经安装的避雷针拆了。教会也斥责富兰克林冒犯天威，是对上帝的大逆不道。

巧合的是，这年春天和夏天大旱，有人就引申为是富兰克林的

避雷针"亵渎上帝"，"震怒了上帝"。但是富兰克林没有妥协，他承受住了压力。这时转机出现了。

在这年夏末秋初，特大暴雨来袭，在雷光电闪中，许多高层建筑遭了殃，这其中也包括神圣的教堂，在雷雨中，教堂火光熊熊，而装有避雷针的房屋却全都平安无事。

这时的人们才相信富兰克林的说法是正确的。又过了一段时间，由于教堂高高耸立的塔尖常被雷电击毁，甚至燃起熊熊大火，教会为了保护教堂，最终也不得不采用了这个"冒犯天威"的装置。

科学最终战胜了愚昧，而富兰

静电现象

了新闻传播法。甚至连口琴都是他发明的。他还研究牙，被称为近代牙科医术之父。最先组织了消防厅。创立了近代的邮信制度。创立了议员的近代选举法。设计了最早的游泳眼镜和蛙蹼。此外，他对气象、地质、声学及海洋航行等方面都有研究，并取得了不少成就。

克林也赢得了他该赢得的荣誉。

富兰克林是美国第一位学者，第一位哲学家，第一位驻外大使。四次当选宾夕法尼亚州州长。制定

1790年4月17日，富兰克林去世。他的墓碑上刻着"印刷工富兰克林"。

 迷你知识卡

绝缘体

不善于传导电流的物质称为绝缘体，绝缘体又称为电介质引。它们的电阻率极高。绝缘体的定义：不容易导电的物体叫做绝缘体。绝缘体和导体，没有绝对的界限。绝缘体在某些条件下可以转化为导体。这里要注意导电的原因：无论固体还是液体，内部如果有能够自由移动的电子或者离子，那么他就可以导电。没有自由移动的电荷，在某些条件下，可以产生导电粒子，那么它也可以成为导体。

静电

一种处于静止状态的电荷，在干燥和多风的秋天，在日常生活中，人们常常会碰到这种现象：晚上脱衣服睡觉时，黑暗中常听到"噼啪"的声响，而且伴有蓝光，见面握手时，手指刚一接触到对方，会突然感到指尖针刺般刺痛，令人大惊失色；早上起来梳头时，头发会经常"飘"起来，越理越乱，拉门把手、开水龙头时都会"触电"，时常发出"噼啪"的声响，这就是发生在人体的静电。

第4章 雷电
——正负电荷碰撞出的火花

1. 正负电荷碰撞出火花
2. 小水滴和带电离子伙伴们的故事
3. 暖云也会出现雷电现象
4. 电极碰撞制造了"孤光放电"
5. 球状闪电"喜欢"钻洞
6. 光比声音跑得快多了
7. 一次闪电过程历时约0.25秒
8. 线状闪电能吐出长达30米的"光舌"

◤ 正负电荷碰撞出火花

产生雷电的条件是雷雨云中有积累并形成极性。科学家们对雷雨云的带电机制及电荷有规律分布，进行了大量的观测和试验，积累了许多资料，并提出各种各样的解释。

大气中存在这大量的正离子和负离子，在云中的雨滴上，电荷分布是不均匀的，最外边的分子带负电，里层的带正电，内层比外层的电势差约高0.25伏。为了平衡这个电势差，水滴就必须优先吸收大气中的负离子，这就使水滴逐渐带上了负电荷。

当对流发展开始时，较轻的

闪电在云中阴阳电荷之间闪烁

正离子逐渐的被上升的气流带到云的上部；而带负电的云滴因为比较重，就留在了下部，造成了正负电荷的分离。

当对流发展到一定阶段，云体伸入零摄氏度层以上的高度后，云中就有了过冷水滴、霰粒和冰晶等。这种由不同形态的水汽凝结物组成且温度低于零摄氏度的云，叫冷云。冷云的电荷形成和积累过程也各不相同。

第一种是过冷水滴在霰粒上撞冻起电。在云层重有许多水滴在温度低于零摄氏度时也不会冻结，这种水滴叫过冷水滴。过冷水滴是不稳定的，只要它们被轻轻地震动一下，就马上冻结称冰粒。

当过冷水滴与霰粒碰撞时，会立即冻结，这叫撞冻。当发生撞冻

时，过冷水滴外部立即冻成冰壳，但它的内部仍暂时保持着液态，并且由于外部冻结放的潜热传到内部，其内部液态过冷水的温度比外面的冰壳高。

温度的差异使得冻结的过冷水滴外部带上正电，内部带上负电。当内部也发生冻结时，云滴就膨胀分裂，外表皮破裂成许多带正电的冰屑，随气流飞到云层上部，带负电的冻滴核心部分则附在较重的霰粒上，使霰粒带负电并留在云层的中下部。

第二种是冰晶与霰粒的摩擦碰撞起电。霰粒是由冻结水滴组成的，成白色或乳白色，结构比较松脆。由于经常有冷水滴与它撞冻并释放潜热，它的温度一般比冰晶高。

在冰晶中含有一定量的自由离子，离子数随温度升高而增多。由于霰粒与冰晶接触部分存在着温度差，高温端的自由离子必然要多于低温端，因而离子必然

电荷示意图

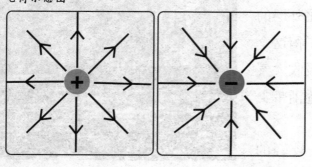

霰粒与冰晶接触

从高温端向低温端迁移。离子迁移时，带正电的氢离子速度较快，而带负电的较重的氢氧根离子则较慢。

因此，在一定时间内就出现了冷端氢离子过剩的现象，造成了高温端为负，低温端为正的电极化。

当冰晶与霰粒接触后，又分离时，温度较高的霰粒就带上了负电，而温度较低的冰晶就带上了正电。

在重力和上升气流的作用下，较轻的带正电的冰晶集中到云的上部，较重的带负电的霰粒则停留在云层的下部，因而造成了冷云的上部带正电而下部带负电。

最后一种是水滴因含有稀薄盐分而起电。出了上述冷云的两种起电机制外，还有人提出了由于大气中水滴含有稀薄盐分而产生起电机制。当云滴冻结时，冰的晶格中可以容纳负的氯离子，却排斥正的钠离子。因为水滴冻结时是从里向外进行的，所以，水滴冻结的部分带负电，而未冻结的部分带正电。

由于水滴冻结而成的霰粒在下落的过程中，摔掉表面还未来得及冻结的水分，形成许多带正电的

带电水滴在云层中相互碰撞

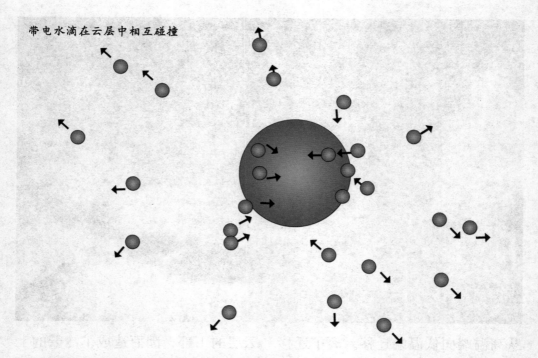

小云滴，而冻结的核心部分则带负电。由于重力和气流的分选作用，电正点的小滴被带到云的上部，而带负电的霰粒则停留在云的中、下部。

▨ 小水滴和带电离子伙伴们的故事

天空中为什么会有雷电呢？它们躲在哪里？是不是和雨一样，也是从云层上掉下来的，有一则通话故事形象地讲述了雷电的形成过程。

炎热的夏天，温度很高，小水滴和水滴伙伴热坏了，它们蒸发成水蒸气向高空飞去。高空凉爽多了，它们又液化成细小水滴钻进了云层。云层在飞跑，小水滴兴奋的大叫："看我的飞机！飞的多快呀！"

小水滴看到高空还有许多云层在飞，飞的有快、有慢；有的向前飞、有的向后飞。小水滴和伙伴们在云层中玩起了游戏。这时，迎面快速飞来一块云层，和它们乘坐的云层擦肩而过。小水滴正仔细观看，忽然听到许多声音在喊："哥哥！哥哥！别离开我们！""妹妹！妹妹！别怕！"

小水滴大吃一惊，谁在呼喊呢？原来，它们是众多的正电荷哥哥和负电荷妹妹在呼喊。小水滴问："你们喊什么呀？吓我一跳！"负电荷妹妹哭着说："我要找哥哥！""你哥哥干什么去了？""在那块云层上飞走了！呜呜"负电荷妹妹们都大哭起来。

小水滴想帮助负电荷妹妹，又说："你们是怎么分开的呢？""不知道！两块云层擦肩而过时，我们就被这块云层抓住了。"小水滴

说："小妹妹！别哭！咱们想想办法"小水滴正努力的想办法。负电荷妹妹们却你推我、我推你的打了起来。

小水滴生气的大叫："怎么你们还互相推挤、打闹，真不像话！"吓的负电荷妹妹们分开远远

温差起电

65

闪电

云层飞过来，上面的正电荷哥哥在拼命的呼喊。两块云层靠的越来越近，电荷兄妹变的疯狂起来。

终于，电荷兄妹疯狂的冲了出去，啊！它们的力量太大了！电荷兄妹冲向一起时，发出刺眼的强光，同时引起空气强烈的振动，发出"轰隆！啪！"的巨响。电荷兄妹钻过空气外婆的身体，紧紧的拥抱在一起。

小水滴感到很吃惊，这时，脚下云层猛的一震，"哎！哎！唉呦！"小水滴没有站稳和伙伴们一起摔了下去。小水滴知道：我和小伙伴变成小雨滴啦！小水滴来到地面，看见一个小孩正在和爸爸看雨景呢！爸爸说："电闪雷鸣，好大的雨呀！"

小孩大叫："快看！闪电！太亮啦！"小水滴抬头一看，只看到强光一闪，而没有听到雷声。小水滴正感到奇怪，这时，"嘎啦"一声剧响。轰隆的雷声从远处而来。

这个故事说明的就是雷电产生

的，安静下来。同种电荷是互相排斥的，小水滴一抬头，看见了云层上面的太阳公公，忙问："我怎么帮小妹妹们找到正电荷哥哥呢？"太阳公公还是笑眯眯的说："这是自然现像，你管不了的！"

"不！我就想管！小妹妹们哭的好伤心！""小水滴！负电荷妹妹们自己能找到哥哥的"太阳公公说。小水滴看到又有云层擦肩飞过，被抓来的负电荷妹妹更多了。她们愤怒了，在用力向外挣扎。

这时，听到远处有声音喊："妹妹！妹妹！快回来！"远处有的过程。

◪ 暖云也会出现雷电现象

在热带地区，有一些云整个云体都位于零摄氏度以上区域，因而只含有水滴而没有固态水粒子。这种云叫做暖云或"水云"。暖云也会出现雷电现象。在中纬度地区的雷暴云，云体位于零摄氏度等温线以下的部分，就是云的暖区。在云的暖区里也有起电过程发生。

在雷雨云的发展过程中，上述各种机制在不同发展阶段可能分别起作用。但是，最主要的起电机制还是由于水滴冻结造成的。大量观测事实表明，只有当云顶呈现纤维状丝缕结构时，云才发展成雷雨云。

飞机观测也发现，雷雨云中存在以冰、雪晶和霰粒为主的大量云粒子，而且大量电荷的累积即雷雨云迅猛的起电机制，必须依靠霰粒

暖云

电场强度示意图

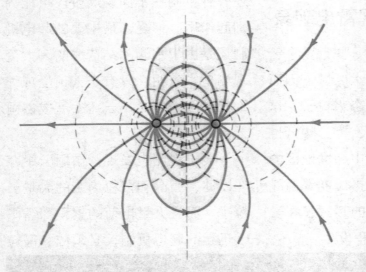

生长过程中的碰撞、撞冻和摩擦等才能发生。

◪ 电极碰撞制造了"孤光放电"

如果我们在两根电极之间加很高的电压，并把它们慢慢地靠近。当两根电极靠近到一定的距离时，在它们之间就会出现电火花，这就是所谓"弧光放电"现象。

雷雨云所产生的闪电，与上面所说的弧光放电非常相似，只不过闪电是转瞬即逝，而电极之间的

火花却可以长时间存在。因为在两根电极之间的高电压可以人为地维持很久，而雷雨云中的电荷经放电后很难马上补充。

当聚集的电荷达到一定的数量时，在云内不同部位之间或者云与地面之间就形成了很强的电场。电场强度平均可以达到每厘米几千伏特，局部区域可以高达每厘米1万伏特。

这么强的电场，足以把云内外的大气层击穿，于是在云与地面之间或者在云的不同部位之间以及不同云块之间激发出耀眼的闪光。这就是人们常说的闪电。

◪ 球状闪电"喜欢"钻洞

闪电的形状有好几种，最常见的有线状闪电和片状闪电，球状闪电是一种十分罕见的闪电形状。如

果仔细区分，还可以划分出带状闪电、联珠状闪电和火箭状闪电等形状。

线状闪电或枝状闪电是人们经常看见的一种闪电形状。它有耀眼的光芒和很细的光线。整个闪电好像横向或向下悬挂的枝杈纵横的树枝，又像地图上支流很多的河流。

线状闪电与其他放电不同的地方是它有特别大的电流强度，平均可以达到几万安培，在少数情况下可达20万安培。这么大的电流强度。可以毁坏和摇动大树，有时还能伤人。当它接触到建筑物的时候，常常造成"雷击"而引起火灾。线状闪电多数是云对地的放电。

片状闪电也是一种比较常见的闪电形状。它看起来好像是在云面上有一片闪光。这种闪电可能是云后面看不见的火花放电的回光，或者是云内闪电被云滴遮挡而造成的漫射光，也可能是出现在云上部的一种丛集的或闪烁状的独立放电现象。片状闪电经常是在云的强度已经减弱，降水趋于停止时出现的。它是一种较弱的放电现象，多数是云中放电。

球状闪电虽说是一种十分罕见的闪电形状，却最引人注目。它像

片状闪电

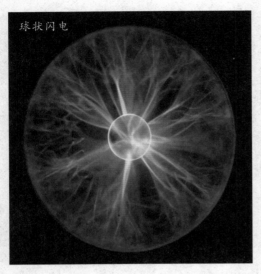

球状闪电

一团火球,有时还像一朵发光的盛开着的"绣球"菊花。它约有人头那么大,偶尔也有直径几米甚至几十米的。球状闪电有时候在空中慢慢地转游,有时候又完全不动地悬在空中。它有时候发出白光,有时候又发出像流星一样的粉红色光。

球状闪电"喜欢"钻洞,有时候,它可以从烟囱、窗户、门缝钻进屋内,在房子里转一圈后又溜走。球状闪电有时发出"咝咝"的声音,然后一声闷响而消失;有时又只发出微弱的噼啪声而不知不觉地消失。

球状闪电消失以后,在空气中可能留下一些有臭味的气烟,有点像臭氧的味道。球状闪电的生命史不长,大约为几秒钟到几分钟。

带状闪电由连续数次的放电组成,在各次闪电之间,闪电路径因受风的影响而发生移动,使得各次单独闪电互相靠近,形成一条带状。带的宽度约为10米。这种闪电如果击中房屋,可以立即引起大面积燃烧。

联珠状闪电看起来好像一条在云幕上滑行或者穿出云层而投向地面的发光点的联线,也像闪光的珍珠项链。有人认为联珠状闪电似乎是从线状闪电到球状闪电的过度形式。联珠状闪电往往紧跟在线状闪电之后接踵而至,几乎没有时间间隔。

火箭状闪电比其他各种闪电放电慢得多,他需要1至1.5秒钟时间才能放电完毕。可以用肉眼很容易地跟踪观测它的活动。

人们凭自己的眼睛就可以观测到闪电的各种形状。不过,要仔细观测闪电,最好采用照相的方法。高速摄影机既可以记录下闪电的形状,还可以观测到闪电的发展过程。使用某些特种照相机，如移动式照相机，还可以研究闪电的结构。

◥ 光比声音跑得快多了

雷电是由于云层相互摩擦、碰撞而使不同的云层带不同的电，当电压达到可以穿过空气的程度以后，临近的两片云层会发生放电现像，产生电花和巨大的响声。这就是我们所看到的闪电和雷鸣。

当天空乌云密布，雷雨云迅猛发展时，突然一道夺目的闪光划破长空，接着传来震耳欲聋的巨响，这就是闪电和打雷，亦称为雷电。雷属于大气声学现象，是大气中小区域强烈爆炸产生的冲击波形成的声波，而闪电则是大气中发生的火花放电现象。

闪电和雷声是同时发生的，但它们在大气中传播的速度相差很大，因此人们总是先看到闪电然后才听到雷声。光每秒能走30万千米，而声音只能走340米。

根据这个现象，我们可以从看到闪电起到听到雷声止，这一段时

闪电

间的长短，来计算闪电发生处离开我们的距离。假如闪电在西北方，隔10秒听到了雷声，说明这块雷雨距离我们约有3 400米远。

闪电通常是在有雷雨云时出现，偶尔也在雷暴、雨层云、尘暴、火山爆发时出现。闪电的最常见形式是线状闪电，偶尔也可出现带状、球状、串球状、枝状、箭状闪电等等。

线状闪电可在云内、云与云间、云与地面间产生，其中云内、云与云间闪电占大部分，而云与地面间的闪电仅占六分之一，但其对人类危害最大。

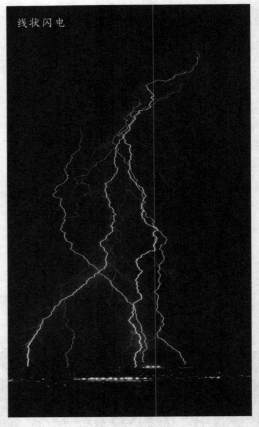

线状闪电

◪ 一次闪电过程历时约0.25秒

肉眼看到的一次闪电，其过程是很复杂的。当雷雨云移到某处时，云的中下部是强大负电荷中心，云底相对的下垫面变成正电荷中心，在云底与地面间形成强大电场。在电荷越积越多，电场越来越强的情况下，云底首先出现大气被强烈电离的一段气柱，称梯级先导。

这种电离气柱逐级向地面延伸，每级梯级先导是直径约5米、长50米、电流约100安培的暗淡光柱，它以平均每秒150 000米的高速度一级一级地伸向地面，在离地面5至50米左右时，地面便突然向上回击，回击的通道是从地面到云底，沿着上述梯级先导开辟出的电离通道。

连珠状闪电

回击以每秒5万千米的更高速度从地面驰向云底，发出光亮无比的光柱，历时40微秒，通过电流超过1万安培，这即第一次闪击。

相隔几秒之后，从云中一根暗淡光柱，携带巨大电流，沿第一次闪击的路径飞驰向地面，称直窜先导，当它离地面5至50米左右时，地面再向上回击，再形成光亮无比的光柱，这即第二次闪击。接着又类似第二次那样产生第三、四次闪击。通常由3至4次闪击构成一次闪电过程。

一次闪电过程历时约0.25秒，在此短时间内，窄狭的闪电通道上要释放巨大的电能，因而形成强烈的爆炸，产生冲击波，然后形成声波向四周传开，这就是雷声或说"打雷"。

◤ 线状闪电能吐出长达30米的"光舌"

被人们研究得比较详细的是线状闪电，我们就以它为例来讲述闪电的结构。闪电是大气中脉冲式的放电现象。一次闪电由多次放电脉冲组成，这些脉冲之间的间歇时间都很短，只有百分之几秒。脉冲一个接着一个，后面的脉冲就沿着第一个脉冲的通道行进。现在已经研究清楚，每一个放电脉冲都由一个"先导"和一个'回击'构成。第一个放电脉冲在爆发之前，有一个准备阶段—"阶梯先导"放电过程：在强电场的推动下，云中的自由电荷很快地向地面移动。

在运动过程中，电子与空气分子发生碰撞，致使空气轻度电离并发出微光。第一次放电脉冲的先导是逐级向下传播的，像一条发光的舌头。

开头，这光舌只有十几米长，经过千分之几秒甚至更短的时间，光舌便消失；然后就在这同一条通道上，又出现一条大约30米长的光舌，转瞬之间它又消失；接着再出现更长的光舌，光舌采取"蚕食"方式步步向地面逼近。

火箭状闪电

闪电的光舌

经过多次放电—消失的过程之后，光舌终于到达地面。因为这第一个放电脉冲的先导是一个阶梯一个阶梯地从云中向地面传播的，所以叫做"阶梯先导"。在光舌行进的通道上，空气已被强烈地电离，它的导电能力大为增加。空气连续电离的过程只发生在一条很狭窄的通道中，所以电流强度很大。

当第一个先导即阶梯先导到达地面后，立即从地面经过已经高度电离了的空气通道向云中流去大量的电荷。这股电流是如此之强，以至空气通道被烧得白炽耀眼，出现一条弯弯曲曲的细长光柱。这个阶段叫做"回击"阶段，也叫"主放电"阶段。阶梯先导加上第一次回击，就构成了第一次脉冲放电的全过程，其持续时间只有百分之一秒。

第一个脉冲放电过程结束之后，只隔一段极其短暂的时间，大

雷雨云

先导"。直窜先导到达地面后，约经过千分之几秒的时间，就发生第二次回击，而结束第二个脉冲放电过程。

紧接着再发生第三个、第四个，连续放电。直窜先导和回击，完成多次脉冲放电过程。由于每一次脉冲放电都要大量地消耗雷雨云中累积的电荷，因而以后的主放电过程就愈来愈弱，直到雷雨云中的电荷储备消耗殆尽，脉冲放电方能停止，从而结束一次闪电过程。

概只有百分之四秒，又发生第二次脉冲放电过程。

第二个脉冲也是从先导开始，到回击结束。但由于经第一个脉冲放电后，"坚冰已经打破，航线已经开通"，所以第二个脉冲的先导就不再逐级向下，而是从云中直接到达地面。这种先导叫做"直窜

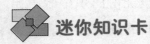

迷你知识卡

雷雨云

当云团里的冰晶在强烈气流中上下翻滚时，水分会在冰晶的表面凝结成一层层冰，形成冰雹。这些被强烈气流反复撕扯、撞击的冰晶和水滴充满了静电。其中重量较轻、带正电的堆积在云层上方；较重、带负电的聚集在云层底部。至于地面则受云层底部大量负电的感应带正电。当正负两种电荷的差异极大时，就会以闪电的形式把能量释放出来。

脉冲

一个物理量在短持续时间内突变后迅速回到其初始状态的过程。

第5章 骇人听闻
——雷电也会咬人?

1. 雷电为什么不是直的?
2. 雷电夏天多冬天少
3. 大树底下隐藏"杀机"
4. 飞机缘何没有避雷针
5. 土星雷电比地球强一万倍
6. 黑色的"超级闪电"
7. 被雷电点燃的火箭
8. "雷电伤人的悲剧"

◪ 雷电为什么不是直的?

雷电是在大气层中形成的,大气层中的气体不均匀,所以光线就会发生偏折,所以我们就看到了雷电好像是弯曲的,这说明了光的折射现象。而有些雷电是直的,那是当时的介质是均匀的,但是这种现象很少,所以一般人把他们忽略不计。

有人说打雷天不能用手机,下雨天打手机会引来感应雷并没有科学依据。打雷时,手机的磁场会发生一定的变化,但不足以引起对人身体的威胁。手机频率高达900至1 800兆赫,而雷电的频率却只有几十兆赫,一般不会出现问题。

打雷时不能打手机,仅指雷电会使手机本身产生损坏。

打雷时需要注意的是不宜看电

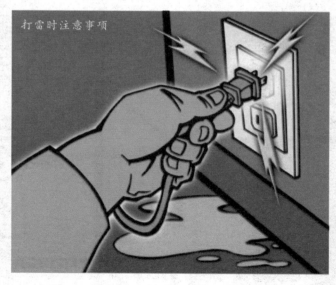

打雷时注意事项

视和玩电脑。特别是电脑，雷击极易造成电脑硬件和网络的损坏，即使电脑有很好的接地线路，最好也不要上网，因为雷电可能沿着信号线侵入设备内部，破坏电脑主板的芯片、接口等。

◣ 雷电夏天多冬天少

科学工作者的测试结果表明，大地被雷击时，多数是负电荷从雷云向大地放电，少数是雷云上的正电荷向大地放电；在一块雷云发生的多次雷击中，最后一次雷击往往是雷云上的正电荷向大地放电。从观测证明，发生正电荷向大地放电的雷击显得特别猛烈。

雷电的出现是与气流、风速密切相关的，而且与地球磁场也有一定的联系。雷雨云内部的不停运动和相互磨擦而使雷雨云产生大量的正、负电荷的小微粒，即所谓的摩擦生电。

夏天时雷电多

摩擦生电小实验

　　这样，庞大的雷雨云就相当于一块带有大量正、负电荷的云块，而这些正、负电荷不断地产生，同时也在不断地的复合，当这些云块在水平方向向东或向西迅速移动时，最大风速可达每秒40米，它与地球磁场磁力线产生切割，这就好像导体切割磁力线产生电流一样，云中的正、负电荷将产生定向移动，其移动的方向可按右手定则来判断。

　　若云块是由西向东移动，而地磁场磁力线则是由地球南极指向地球的北极，因此大量正电荷向上移动，负电荷向下移动，这样云的下部将积聚越来越多的负电，而云的上部积聚大量的正电，当电场强度达到足够高时将引起雷云间强烈放电，或是雷云中的内部放电，或是雷云对地放电，即所谓的雷电。

　　综上所述，雷电的成因仍为摩擦生电及云块切割磁力线，把不同电荷进一步分离。由此可见，雷电的成因或者说主要能源来自于大气的运动，没有这些运动，是不会有雷电的。这也说明了为什么雷电总

雷暴

伴随着狂风骤雨而出现。

　　冬季由于受大陆冷气团控制，空气寒冷而干燥，加之太阳辐射弱，空气不易形成剧烈对流，因而很少发生雷阵雨。但有时冬季天气偏暖，暖湿空气势力较强，当北方偶有较强冷空气南下，暖湿空气被迫抬升，对流加剧，就会形成雷阵雨，出现所谓"雷打冬"的现象。

　　气象专家还说，雷暴的产生不是取决于温度本身，而是取决于温度的上下分布。也就是说，冬天虽然气温不高，但如果上下温差达到一定值时，也能形成强对流，产生雷暴。冬打雷在中国很少见，但在

加拿大多伦多的冬天就经常出现。

　　空气极不稳定的时候，容易发生强烈的向上对流运动，而形成高耸的积雨云，云中充满上上下下奔窜的水汽，就会产生静电，云的上

雷暴天气

端会产生正电荷，云的下端会产生负电荷，地面又是正电荷，那么，正、负电荷之间有空气做为绝缘体，若正、负电荷间的电压差，大到可以冲破绝缘体的空气，使空气在瞬间膨胀爆炸、发热发光，发光就是闪电，膨胀爆炸发出巨大声响就是打雷。

◤ 大树底下隐藏"杀机"

经常有新闻报道有人在电闪雷鸣的大雨天躲在树下躲雨被雷击发生了惨剧，打雷的时候，为什么不能在树下躲雨呢？这是有根据的。

打雷时，雷雨云中所带的电荷经过对地面的"对地电阻相对较小的突出物"放电而形成了雷电流，也就是人们所说的"落地雷"，这种现象叫做"直击雷"；而如果此时人站在"比自己高，电阻又比自己小"的物体下，来躲避雷击，那仍然是不安全的。

因为这样虽然直击雷击中人体本身的机会少了，但是由于和旁边的物体成"平行"状态，仍有可能会感应到强大的雷电流，也就是受到"感应雷"的损害，另外由于雷电流的强大，也还有可能在和"比自己高的物体"，比如大树下面，在形成放电通道的同时，击穿人和物体间的空气绝缘而对人体产生"支路放电"现象，这同样是非常

被雷击中的树

预警雷达

危险的。

在野外如果遇到强雷电天气，而一时又无处可躲，那正确的做法是尽量降低高度，避免有"突出物"，包括人的头部和肢体，就地选择相对较低处躲避，姿势为双足并拢蹲下，头部夹于两膝间，双手抱膝；不要为了一味的"降低高度"而躺下，因为此时如果有落地雷发生，那雷有可能因击中人的头和脚的距离差而产生"跨步电压"，这样同样会使人受到伤害。

飞机缘何没有避雷针

"难道一架经常在空中飞行的飞机连避雷针都没有吗？"因遭遇雷击，法航一架客机断为两截的消息，引起广泛关注。

有关人士解释说："避雷针的作用是将空中的雷击所产生的电

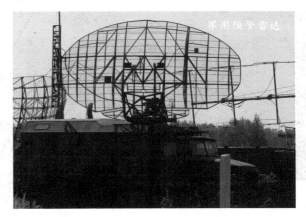

军用预警雷达

流接引到地面，而飞机飞行时和地面不产生接触，所以飞机都没有安装避雷针。但是飞机都装有'放电刷'，可以将飞行时与空气摩擦产生的静电释放到大气中，从而保护飞机的安全。"

作为整天和飞机打交道的业内人士，南京禄口机场办公室一位人士表示，强对流空气比较频繁，发生雷电的概率也大大增加，但是随着技术的不断改进，一般雷击后也只是在机身上留下一些黑点，并不会影响到整个飞机的安全。

为了避免雷击，除了地面雷达进行预警以外，飞机本身也有预警雷达，提前知晓前方的天气情况，如果前方有大片的乌云，飞行员一般会绕过该云区，而如果降落机场上方有异常天气，指挥中心则会要求飞机临时降落到其他机场。

像法航发生的这起事故实在罕见，这主要是夏季突发性的天气比较多，有时连雷达也会失算，当然也不排除由于快要降落了，飞行员会出现大意的情形。这时来一个强烈的雷击确实有些防不胜防。

◨ 土星雷电比地球强一万倍

因为闪电需要击穿气体，所以闪电不可能在真空的空间内出现。但在其他行星的大气层内有侦测到过闪电，如金星及木星。

人们估计木星上的闪电比地球上的闪电强100倍左右，但是发生频率只有地球上闪电的十五分之一。至于金星闪电的具体情况现在还在争论中。在70年代到80年代中前苏联的金星号和美国的先驱者计划中，资料显示在金星的上层大气中发现了闪电，但是卡西尼—惠更斯号在经过金星的时候却没有发现

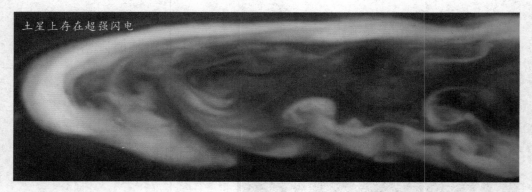

土星上存在超强闪电

任何闪电的发生。

据美国宇航局报道，数十年来，天文学家一直利用天文望远镜对遥远星球的大气条件进行研究。

从海王星上时速1 500米的飓风到金星的剧烈热浪，在我们太阳系以外甚至还有比这更糟糕的天气，想起这些或许你应该为自己能够生活在我们这个美丽安宁的蓝色星球而备感庆幸。

土星上的闪电的强度是地球的1 000倍。天文学家在一个土星上的一个被称为"风暴径"的地带探测到了这种充电风暴。这种超级风暴从南至北绵延达3 500千米。其放射出的射频噪声与地球的雷暴放射的射频噪声相似。

◩ 黑色的"超级闪电"

超级闪电是一种稀有的闪电，

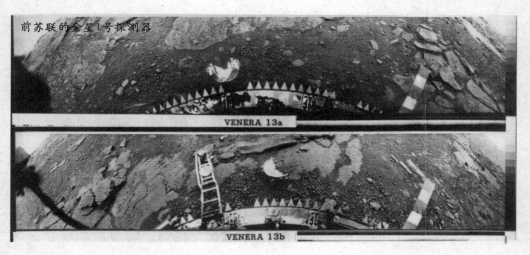

前苏联的金星1号探测器

VENERA 13a

VENERA 13b

是一般闪电强度的100倍甚至更多，可燃烧出蓝色火焰。最强可以有十万亿瓦特。

超级闪电是在云层顶端发生的高空正电荷放电发光现象。到2003年为止，科学家所发现的高空短暂发光现象有红色精灵、蓝色喷流、淘气精灵、以及在2002年夏天由成大物理系红色精灵研究团队所发现的巨大喷流等，它们都是伴随着雷雨云的高空发光现象。

近一个世纪以来，有许许多多来自于飞行员、地面观察者的报告，皆指出有奇怪的、如闪电般的闪光自云端向上射出。由于此现象发生于高空且持续发光的时间极短，通常短于十分之一秒，难以取得直接的证据，以至科学界无法做系统化的分析。直到1989年终于以低光度的摄影机拍摄到这种高空大气发光现象。

1990年初，航天飞机上的摄影机也拍到20多幅相关的影像。从此之后借着摄影机的帮助，从不同的观测平台，如航天飞机、飞机及地面观测站等等，拍摄到成千上万的红色精灵和其他高空发光事件的影像。经由这些观测到的事件，我们

超级闪电

了解到这种闪电般的发光现象不止局限在较低的大气层，甚至在高于雷云上方90千米处的高空中亦可能发生。

地球和太空之间存在着一个无比壮美但却充满危险的同温层世界，科学家直到最近才开始对这个世界展开探索。有报告称，在暴风雨上空，可看见长长的火柱、蓝色的火舌和巨型水母状的电光。

这种曾见诸于神话传说中的"超级闪电"，确有其事。有些专家甚至担心，它的形成可能是造成一系列神秘灾难的幕后黑手，比如客机和航天器失事等。对于这些极具威力、带正电荷且向上击发的新型闪电的发现，一位科学家将之比喻为"就像生物学家发现了一种新的器官一样"。

每时每刻，世界各地大约正有1 800个雷电交作在进行中。它们每秒钟约发出600次闪电，其中有100次袭击地球。

乌干达首都坎帕拉和印尼的爪哇岛，是最易受到闪电袭击的地方。据统计，爪哇岛有一年竟有

黑色闪电

"空中暗雷"

300天发生闪电。而历史上最猛烈的闪电，则是袭击津巴布韦一幢小屋的那一次，当时死了21个人。

纽芬兰的钟岛曾受到一次超级闪电的袭击，连13千米以外的房屋也被震得格格响，整个乡村的门窗都喷出蓝色火焰。

1974年6月，前苏联天文学家契尔诺夫就曾经在扎巴洛日城看见一次"黑色闪电"：一开始是强烈的球状闪电，紧接着，后面就飞过一团黑色的东西，这东西看上去像雾状的凝结物。经过研究分析表明：黑色闪电是由分子气凝胶聚集物产生出来的，而这些聚集物是发热的带电物质，极容易爆炸或转变为球状的闪电，其危险性极大。

黑色闪电的形成原因科学家无法解释。长期以来，人们的心目中只有蓝白色闪电，这是空中的大气放电的自然现象，一般均伴有耀眼的光芒！而从未看见过不发光的"黑色闪电"。可是，科学家通过长期的观察研究确实证明有"黑色

球状闪电

闪电"存在。

据观察研究认为：黑色闪电一般不易出现在近地层，如果出现了，则较容易撞上树木、桅杆、房屋和其他金属，一般呈现瘤状或泥团状，初看似一团脏东西，极容易被人们忽视，而它本身却载有大量的能量，所以，它是"闪电族"中危险性和危害性均较大的一种。尤其是，黑色闪电体积较小，雷达难以捕捉；而且，它对金属物极具"青睐"；因而被飞行人员称作"空中暗雷"。

飞机在飞行过程中，倘若触及黑色闪电，后果将不堪设想。而每当黑色闪电距离地面较近时，又容易被人们误认为是一只飞鸟或其他什么东西，不易引起人们的警惕和

注意；如若用棍物击打触及，则会迅速发生爆炸，有使人粉身碎骨的危险。

另外，黑色闪电和球状闪电相似，一般的避雷设施如避雷针、避雷球、避雷网等，对黑色闪电起不到防护作用；因此它常常极为顺利地到达防雷措施极为严密的储油罐、储气罐、变压器、炸药库的附近。

此时此刻，千万不能接近它。应当避而远之，以人身安全为要。

■ 被雷电点燃的火箭

1963年10月，英国伦敦雷雨交加，一个球状闪电落到某户居民家中的水桶里，将4加仑的水加热煮沸了好几分钟。

1962年9月的一个雷雨天，美国衣阿华州某居民家的餐厅遭雷电袭击。餐桌没有被击毁，而餐桌上叠放在一起的12个菜碟，每隔一个就被击毁一个。然而，菜碟的整体并没有被击垮，还是叠在一起。

1987年6月，位于美国弗吉尼亚州瓦普罗斯岛的火箭发射基地，

5枚小型试验火箭即将点火升空。

突然，一阵电闪雷鸣，3枚火箭被雷电击中后自行点火升空了，其中一枚升空到预定的轨道上呈75度角飞行了大约4千米后坠毁，另两枚只飞行了大约100米就坠入了大西洋。这成为美国航天史上继"挑战者"号爆炸后又一罕见的事故。

雷电似乎很"喜欢"橡树，调查发现，在100次雷电击中树木的现象中，击中橡树的次数最多，达54次；而梨树和桃树被击中的次数各自仅为4次；雷电从不去"骚扰"桦树和槭树这两种树木。

◤ "雷电伤人的悲剧"

有一天清晨，一堆老夫妻推着助动车准备回家，当他们走到离家不远的水泥桥上，远处传来几声闷响，却并没有雨点。突然，一道刺眼的亮光划破天空。

目击者称，闪电过后，刚刚还在远处桥面上推车行走的两个人，突然"消失"了。刹那间，一人当场死亡，一人与死神擦肩而过。这

桦树

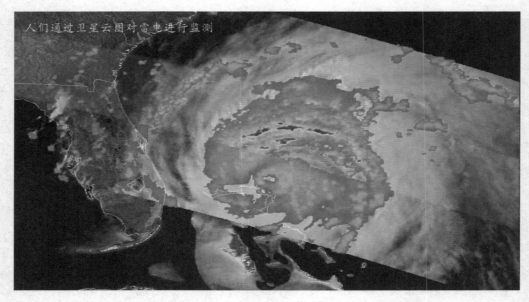

人们通过卫星云图对雷电进行监测

个杀手，正是比太阳热5倍，以每秒106米速度行走，绵延数十里的闪电。

在中国气象局大气探测技术中心地面观测室里，观测人员正在观测者指着红黄闪烁着的小点，这些小点正是代表雷电次数，它们越来越快地闪烁着，密集得连成片，片跟片的颜色不同。

红色表示非常频繁，每分钟大于6次闪电；橙色表频繁发生，每分钟3到6次闪电；黄色表示偶尔发生，每分钟1.5到3次闪电；蓝色表示很少发生，每分钟少于1.5次闪电。这就是我国与国际水平几乎同步的雷电闪电定位监测网。

尽管这张监测网只落后闪电近一秒，意味着监测永远是"马后炮"。而预报雷电发生的精确位置、时间、频次这一世界难题仍没解决。

尽管，在这对老夫妻出事的前一天，气象台就发出了雷雨天气预警，可雷雨天气预报不代表雷电预报。这张监测图也不全是"百无一用"，从这个系统，看颜色的分布和过渡，可以预测出雷暴发生的大趋势和走向，但这仅仅是"大趋势"而已。没人知道下一个被雷电击中的会是谁。

谁会是雷电的下一个受害者呢?

我们不能确定下一个受害这是谁:相隔一堵矮墙,两个人聊天,一个人一句话没说完,被雷当场击死,另一个人安然无恙;两头牛相距仅一米,一头牛瞬间被雷击毙,另一头牛浑然不觉,悠然吃草。"有时候找不出原因,雷电杀人的随机性太强。"防雷工作者对"雷公"充满了敬畏。

据统计,人遭雷击的几率是60万分之一。人遭雷击的几率应该和所在地区有关,因室内和户外活动而有差异。遭雷击虽然是"小概率事件",但谁也不能保证"雷一定击中身上带钥匙的那一个,不击中不带钥匙的"。

并不是所有被雷电穿透的人都会失去生命,电流有时在几百万分之一秒的瞬间"击透"全身,心脏等器官还没来得及受损,人可能就活下来了。距雷击点的远近、步伐大小、个体体质等都影响遭受雷击伤害的程度。

"雷电伤人的悲剧"几乎每年都在足球场上演。2004年,中国足球运动员曾被雷击中当场死亡。

因为担心足球场悲剧在北京上演,2008年,北京奥运足球场区半径3至5千米范围内布设5台大气电场仪,监测大气静电变化,一旦有

雷电

雷电发生的可能，比赛就会取消。

但机器也会说谎，大气电场仪误报率很高。由于地面太复杂了，机器很难精准地找到雷击落地的具体位置。

除了找雷，科学家还热衷于"引雷"。现在，中国气象科学研究院的科研人员，用发射"脖子上缠着铁丝，几十厘米长的小火箭"引雷，在基地里建一所小房子，把各种防雷设施安装好用来引雷，实地考察防雷设施的有效程度。

整个过程只有1秒钟，每秒钟能拍摄5 000张照片的高速照相机拍摄了全过程。这一技术水平仅次于美国和法国，居世界前列。

科学家"人工引雷"，可把雷电的破坏力引导到指定位置并加以释放。

人工引雷产生的强大电磁辐射，可诱发种子基因变异，应用于人工育种技术，可大大低于太空育种的成本。

但是雷电时间极短，人类无法捕捉这种电能。另外，一次闪电的总能量只能让5个100瓦的灯泡，每天工作24小时，工作30天。因为个体的差异，电流时间、量的控制都很难，这项工作必定十分漫长。

迷你知识卡

兆赫

波动频率单位之一。波动频率的基本单位是赫兹，采千进位制；1兆赫相当于1 000千赫，也就是10的6次方赫兹。值得注意的是，兆赫只是定义上的名词，在量度单位上作1百万解。

气流

是空气的上下运动，向上运动的空气叫做上升气流，向下运动的空气叫做下降气流。上升气流又分为动力气流和热力气流、山岳波等多种类型，滑翔伞一般利用动力上升气流和热力上升气流两种来完成滞空、盘升和长距离越野飞行。

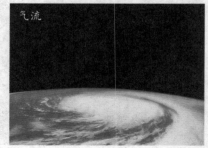
气流

第6章 没有雷电，地球该有多寂寞

1. 消雷器不是万金油
2. 白白流失的5.25万亿元
3. 雷电孕育地球生命
4. 雷雨过后为什么空气特别清新
5. 20世纪大气电学研究
6. 直击雷和感应雷
7. 云中电荷分布
8. 航天器最好躲着雷电

◣ 消雷器不是万金油

2011年6月，甘肃连城国家级自然保护区天王沟段因雷击发生森林火灾，经过7部火箭的人工增雨，才将森林火灾扑灭。也是2011年6月，美国一军事基地遭雷电袭击，77名军校生受伤被送往医院。

除了频繁的雷击事件后，雷电

美国一军事基地遭雷电袭击

还特别喜欢袭击高层建筑，虽然大多数的高层建筑都安装了避雷针，但是雷电竟然会选择侧面击打。

雷电"喜爱"在尖端放电，所以在雷雨交加时，人在旷野上行走，或扛着带铁的金属农具，或骑在摩托车上，或在电线杆、大树下躲雨，人或物体容易成为放电的对象而招来雷击。建筑物的顶端或棱角处，也很容易遭受雷击；此外，金属物体和管线都可能成为雷电的

莫斯科奥斯坦金诺广播电视塔

最好通路。因此，了解这些规律对预防雷击有很重要的意义。

作为上海的地标性建筑之一，高467.9米的东方明珠遭遇雷击已经不是第一次。雷电对高层建筑物的"偏爱"。

2010年4月，上海市气象台发布雷电黄色预警，黄浦江畔电闪雷鸣，雷电击中了东方明珠，有目击者见到东方明珠顶部燃烧得像一支火柴。东方明珠相关负责人称，塔顶起火是因为强雷击中塔顶发射天线，引起天线外罩燃烧。

其实，迄今尚无一种设备和方法能够改变大自然中的天气现象以阻止雷电的发生和雷击中建筑物或建筑物附近。在我国实施的相关规范中，三类防雷建筑物防雷装置的效率分别为95%、90%和80%。

有人认为，建筑物安装防雷装置后就万无一失了。从经济观点出发，要达到这点是太浪费了。因

此，特指出"或减少"，以示不是万无一失，因为按照本规范设计的防雷装置的防雷安全度不是100%。

因此，在上个世纪的最后几年中，一度火爆全国、自称能100%消灭上行雷并将主放电电流渐弱99.9%的半导体少长针消雷器在学术界引起了争论。东方明珠采用的正是这种消雷器。

这场辩论被许多雷电专家称为"对防雷行业发展产生重大影响的事件之一"。1997年，在由北京市减灾协会举办的消雷器专题研讨会结束后，在京22名来自不同科研、设计、大学长期从事防雷工作的科技工作者联名撰文，呼吁有关部门从严从快整顿防雷标准、规范和产品市场。这些名科技工作者，包括我国的防雷鼻祖以及国内一批防雷资深专家。

东方明珠遭侧击是很正常的，并不是小概率事件。世界上最先被雷击的电视塔是被称为"欧洲第一

东方明珠

塔"的莫斯科奥斯坦金诺广播电视塔，高573.5米。

有人于1972年统计，它在4年半的时间里遭到了143次雷击。雷经常打在莫斯科电视塔中间的位置，这一现象引起了防雷学术界的关注，雷击电气几何模型的理论由此诞生。

许多建筑物在设计时并没有做防侧击雷装置，有的是嫌不好看。建筑物要严格按照国家标准进行设

计，以及通过监测，监测不合格就应该做整改，不能每次都是出了事才亡羊补牢。

白白流失的5.25万亿元

雷电电流平均约为20 000安，雷电电压大约是10的10次方伏，而人体安全电压为36伏，一次雷电的时候大约为千分之一秒，平均一次雷电发出的功率达200亿千瓦，相比之下，一般电饭锅的功率低于1 000瓦。

我国建造的世界上最大的水力发电站——三峡水电站，电站的装机总容量为1 820万千瓦，只有一次雷电功率的千分之一。

当然雷电的电功率虽然很大，但由于放电时间短，所以闪电电流的电功并不算大，一次约为5 555度。

全世界每秒就有100次以上的雷电现象，一年里雷电释放的总电能余约为17.5亿千度。

若一度电的电费为0.30元，全世界一年的雷电价值为5.25万亿元，这是一笔巨大的财富，但由于雷电时间极短，人类还难以捕捉这种电能。

但目前世界上已有少数国家正在研究利用雷电电能的方法，如美

智利火山喷发引起罕见雷电现象

人工引发雷电

国的加利福利亚州、佛罗里达州，以及中国清华大学电机系和的少数活跃的民间科学家石明等人，正不断的为人类探索着新的梦想。

所以全世界的科学家都在想着怎么人工引雷，人工引雷应该说是从上个世纪60年代开始发展的一种专门技术。主要是通过在雷雨天气的时候，向雷暴云体发射专用的引雷火箭，使雷电在预定的时间和预定的地点发生。

国际上，美国1967年在海上首次引雷成功，陆地上首次成功的人工引发雷电在法国实现。我们国家上世纪八十年代在老一代科学家的领导下，开始进行人工引雷实验，从首次人工引雷成功到现在整整20年，应该说期间取得了很大的进步。现在我国一共成功引雷60多次，在一些重点雷灾区域都有过成功的人工引雷实验。

最开始做人工引发雷电实验，主要还是为了研究雷电。因为雷电发生的时间和地点具有随机性，不知道什么时候发生，所以要想研究它的话，直接的观测资料是不太容易取得的。

人工引发雷电使雷电在一定时间、一定地点发生，所以我们可以在雷电放电通道下部对雷电流进行测量，然后在距放电通道比较近的地方，布设不同的电磁观测设备，对闪电产生的电流、电磁光效应进行同步观测，这样有助于我们对雷电机理本身的研究，这是最初的目的。

随着人工引发雷电技术的发展，人们也自然会想到这种技术除了研究之外还有什么用处？实际上它的用处还是比较大的，比如说对雷电防护设备的检验。为了测试避雷针或者是一些防护设备是不是能够有效地防雷，我们可以利用人为引发雷电来做一个测试，进行评估。

雷电孕育地球生命

雷电是地球上很常见的自然现象，全球平均每天约发生800万次，每秒就有近100次闪电。如果

山东人工引发雷电实验成功

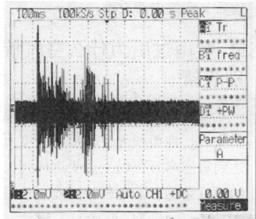
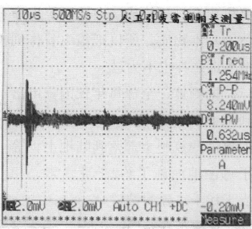

人工引发雷电相关测量

每次闪电可以卖数百元人民币，每天发生的闪电其价值可就是个天文数字了。但目前人类尚未找到破解雷电宝库的保险锁密码，这笔惊人的财富还只属于大自然所有，人类暂时无权享用。

事实上雷电对人类已有不少贡献。大家知道，地球表面的大气层中含有约79%氮气、20%以上的氧气和少量水蒸气、二氧化碳以其他微量气体。

当空中发生雷电放电时，处于强大电场中的空气温度会迅速升高至1万摄氏度以上。空气因突然受热膨胀而产生很高的压力。

正常大气环流中性质稳定且难溶于水的氮气分子，在雷电造成

的高温、高压、放电环境中被激活了，他与氧气、水蒸气和二氧化碳等发生一系列无机和有机化学反应，生成氨、二氧化碳、一氧化碳、甲烷和氰化物等化合物，这些气体混合物在闪电作用下由可能合成一系列的有机化合物，包括氨基酸、核苷酸、单糖等等。

雷电常伴随着雷雨，它俩是积雨云孕育的孪生兄弟。每当雷电过后，大量雨水就会携带着雷电制造出来的各种化合物，落下地面来，融入地面和田中的含氮化合物就成了植物生长必需的氮肥。

由于每天发生雷电的次数极大，因此，雷电给予人类的氮肥数量也是非常可观的。因为氨基酸等

有机化合物是构成蛋白质乃至生命体的基本物质，所以把雷电看作创造生命之神也不为过。

据测算，全球每年仅因雷电落到地面的氮肥就有4 000亿千克。如果这些氮肥全部落到陆地上，等于每亩地面施了约2千克氮素，相当于10千克硫酸铵！

臭氧是地球上生物的保护伞

雷电不但生成大量氮化物，肥化了土壤，养育了地面上的植物；雷电甚至孕育了地球上的生命。相信人类总有一天会巧妙地打开雷电宝库的大门，为创造人类更发达的

物质文明做出新贡献。

◣ 雷雨过后为什么空气特别清新

雷电还能促进生物生长，雷电发生时，地面和天空间电场强度可达到每厘米万伏以上。受这样强大的电位差的影响，植物的光合作用和呼吸作用增强，因此，雷雨后一至二天内植物生长和新陈代谢特别旺盛。

有人用闪电刺激作物，发现豌豆提早分枝，而且分枝数目增多，开花期也早了半个月，玉米抽穗提早了七天，而白菜增产了15%～20%。不仅如此，如果作物生长期能遇上五至六场雷雨，其成熟期也将提前一星期左右。

雷电能制造臭氧。臭氧是地球上生物的保护伞，它可以吸收大部分危害生命的紫外线，使生物免遭伤害。空气中少量的臭氧，可以起到消毒杀菌、净化空气的作用。臭氧一般仅存在于高层大

保护地球宣传画

气中，但雷雨后，低空也会有微量的臭氧，使得空气格外清新。

◢ 20世纪大气电学研究

1795年，科学家发现大气也是导体。1887年有科学家注意到这个问题的重要性，他根据所观察到的大气中的电流值进行估算，发现地球所带的电量如无补给的来源，会在10分钟内消耗完。这一问题的提出，引起人们思考地球何以带负电并稳定不变的机制，从而引发出各种关于大气电的理论和测量。

首先是对大气导电的物理性质获得了新认识，发现了大气中存在离子及分子大小或稍大的带有正电或负电的小粒子，1905年又发现了大离子，后陆续发现中等尺度的离子。

研究大气中带电粒子的来源、分布和运动规律，成为现代雷电科学中非常重要的部分，是属于基础性的研究工作。

研究者看到大气中的带电粒子有正有负，它们会吸引复合而消失，为什么其浓度会保持一定数值呢？由此感到大气必有产生离子的根源。

20世纪之交，原子物理研究中放射性的发现，使人们认识到地层中存在放射性元素，这是一种重要的来源。

大气中离子浓度应随高度而减少，但实际测量到的数据显示在高空大气层的电导却是显著增加，此后人们发现地球的外空间有非常强的辐射从各个方向穿透地球的大气层，这就是宇宙射线，它们在大气中会产生二次射线，还可以到达地层下相当深处，足见其辐射粒子能量之大。

此外，太阳的紫外线，虽不能穿入大气层下部，但在大气层上部却是主要的电离源，使大气顶部有一层电离层。这些物理因素对于闪电的过程有重大作用。

1903年，科学家用照相记录研究闪电，发明移动照相法，第一次使人们认识到一次闪电是由几次放电组成的。进而从所得到的照片中发展出了梯级先导的学说。

◪ 直击雷和感应雷

从富兰克林发明避雷针起到20世纪初这150年时间里，防雷技术几乎没有进展。这有两个原因，一个是社会生产与生活变迁不大，建筑防雷已有避雷针做了有效保护，对防雷没有提出什么迫切的新需要。另一个则是大气电学的理论探索，进展很少，不可能指导防雷技术的发展。

在步入20世纪之初，电讯和电力事业的发展遇到了

宇宙射线

雷灾，所以在这方面工程防雷技术开始出现进展。1876年贝尔发明电话，社会的需求，使它迅猛发展，1880年仅美国就有48 000台电话，架空长导线出现了，它立刻变为继建筑物之后第二个雷电袭击的重要对象。为了防护电话设备和人员安全。

19世纪80年代末就出现第二种避雷装置——导电器，它实际上是一个火花隙，当雷袭击架空导线时，高电压循导线进入室内之前在导电器处发生火花击穿，雷电流短路入地。这就是当今所广泛采用的避雷器的原始形式。

1887年伦敦筹资百万英磅建立供电公司，从此结束了19世纪电力工业分散经营的局面，把发电机从各个工厂集中到中心发电站集中供电，大大降低电力成本，输电网和变电站就迅速扩展，与此同时，电力输送的电压越来越提高以减少传输损耗，这样输电网的过电压防护与防雷就成为电力部门的极为重要的问题。

19世纪90年代托马斯制出了磁

吹间隙保护直流电力设备，可以说是磁吹灭弧进雷器的前身。1901年德国制成串联线性电阻限流的角形间隙，则是阀型避雷器的前身。

此后由于电力工业对绝缘研究的需要、对高压压输电研究的需要，建立起高电压实验装置，这就为人工模拟雷电的研究创造了物质条件，防雷保护与过电压保护结合在一起，研究绝缘闪络和闪电过程也结合在一起，因此20世纪以后防雷技术就从建筑领域转移到电力输送领域，所以防雷技术人员也就由电力系统集中培养了。

雷电科学发展的历史上，物理学原本是主角，自从电力系统利用强大的高电压实验技术力量抓住防雷工程的研究之后，研究大气电学的物理工作者就把研究的视线转移到其它方面，为其他高科技服务。

输电网

因此雷电科学的发展主要偏重在工程技术方面，从高空转向地面。

在富兰克林时代，只注意直击雷的灾祸，20世纪之后，电力部门注意到雷电感应或者叫雷电的二次效应的祸害。德国科学家提出利用接地避雷线防雷的理论，为的是降低绝缘上的感应过电压。

后来美国科学家也认为威胁线路绝缘的不仅是直击雷，还有感应雷，架设避雷线首先是防感应雷。而有的科学家等则认为感应雷对高压线路并无危险。

■ 云中电荷分布

至于建筑防雷方面，富兰克林尖端避雷针的形式也开始有了变化。1934年美国瓦斯和电力公司开始用避雷针和避雷线保护变电所，由于避雷线的应用有效，又使建筑物的避雷装置出现避雷带，这种发展带有一定的必然趋势，因为现代高楼建筑普遍使用一些金属构件，有的是用于装饰，因此广泛利用建筑物的部件作为避雷装置可以降低造价。

防雷事项

它的进一步发展就是，50年代以后迅速流行的笼式避雷网，几乎所有新建的现代化钢筋混凝土楼房都采用它。

还在1877年英国防雷协会的年会上，电磁场理论的创立者麦克斯韦提出使用"法拉第笼"的原理来代替普通的避雷针，并举雷击火药库为例、雷击到金属壳上可以保证不出事故。

在19世纪实行这一方案还不太现实。到了20世纪50年代，现代的钢结构和钢筋混凝土建筑物已十分接近法拉第笼的条件，只要施工个对钢筋采取焊接方法就可以很轻易地实现笼式避雷网了，这可以说是到目前为止，建筑物防雷技术最完

建筑物上的防雷装置

西屋公司制成自动阀型避雷器，1927年美国开始采用非游离气体以遮断工频续流的管型避雷器；50年代初，磁吹阀型避雷器问世。

1961年日本松下电气公司研制出新一代的"无间隙避雷器"，它实质上是一种金属氧化物非线性电阻，现在它已成为避雷器的主流了。

70年代后，防雷工程情况突变，迄今尚未引起人们的普遍重视。首先频频遭到雷害的是航天部门，它是尖端科技最集中的部门，损失严重。而后各行各业，凡是新技术普及之处，随即雷灾频繁，损失惊人，一时竟缺乏防雷良策，众说纷坛，甚至对200多年来，被人们公认不疑的富兰克林避雷针都发生了疑虑甚至予以否定。

雷灾的突然变得广泛而严重，

善的形式了。

但是即使这种建筑物避雷装置也不能不考虑到电力线和电讯线上过电压波的入侵。因此出现了各种避雷器来把雷电过电压波分流入地，阻止雷电流侵入建筑物内部造成灾害。

1907年美国出现铝电解电容避雷器，1908年瑞士科学家提出用高压电容器作防雷元件，1922年美国不仅使素不关心也用不着了解雷电科学的人们困惑，惊慌不安，同样也使长期从事防雷工程技术的行家里手、一般的防雷工作人员缺乏良策。

产生这种新情况的原因，是由于防雷技术已不适应近年来科技的迅猛发展，特别是微电子技术的普遍应用。

闪电与200多年前相同，并未发生变异，只不过它的某些物理效应在新技术产品上发生作用，而在这些产品面世之前人们是看不到也决不会想到的。

所以说雷电科学的发展必然与人类社会科学技术的发展相适应，因而防雷工程技术也会在学术理论上出现新的研究成果。

◪ 航天器最好躲着雷电

1969年11月美国一艘载人飞船在起飞后激发闪电的雷击事件，更促进了世界许多国家对航天系统和火箭发射场的防雷研究，开始了大规模的试验。阿波罗系列登月火箭前后共发生过7次雷击事故。

1987年3月美国国家航天局的一架火箭升空不久遭到雷击，火箭

航天器最好避雷

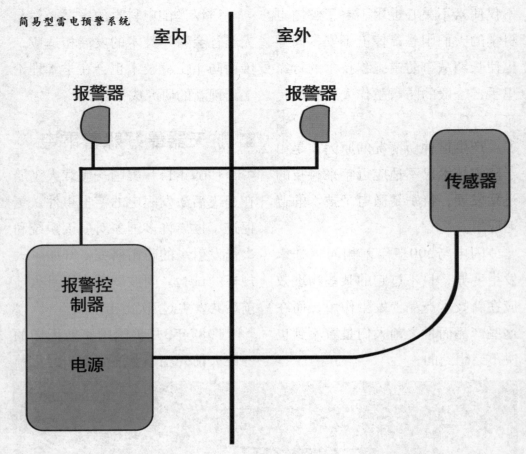

简易型雷电预警系统

室内　　　　　　室外

报警器　　　　　　报警器

传感器

报警控
制器

电源

及携带的卫星均被炸毁，损失极大。由于这类高科技设备的价格极贵而其工作的意义重要，美国就花大力气集中许多国家部门和大学联合研究雷电规律和相关的防雷工程技术，不惜巨资。

位于多雷区佛罗里达州的肯尼迪航天中心则是美国防雷实验研究基地中最重要的地方。兰利研究中心的科学家们用专用仪器装在抗恶劣天气的飞机里直接穿越雷暴云区，研究触发闪电现象，八年中飞机被击中700多次。

美国联邦航空局和美国空军也进行了类似的实验，以便弄清如何才能更好地保护飞机内的电子设备。

近20年来出现的新的雷灾的

起因是闪电的电磁脉冲辐射，它无孔不入，波及的空间范围很大，微电子设备越先进，耗能越小、越灵敏，危害范围越大。

同时，雷电预警系统，把雷电监测预警也纳入防雷工程中，这是现代防雷工程技术的一个新发展。

美国、法国等近年已率先建立了全国雷电监测预警网，它对于电力输送网和森林防火的安全都有很重要的价值。

我国还刚刚起步，需加快发展，中国科学院早干1991年就已由空间中心研制出先进的闪电监测定

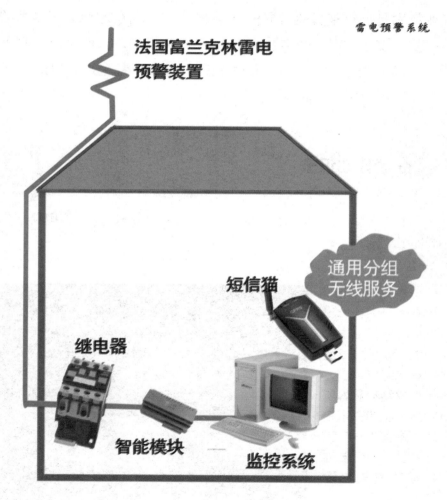

雷电预警系统

法国富兰克林雷电预警装置

短信猫

通用分组无线服务

继电器

智能模块

监控系统

位系统，通过验收。

1989年8月黄岛油库遭到落地雷击就是首先由这一套设备在济南地区发现并记录下来的，把闪电落地的时刻都记录在案。预警变为防雷工程的重要组成部分是值得注意的很有价值的一件事，因为野外作业特别是近年来日益发展的旅游业的防雷安全一直是个难题。

此外有些地方如高山顶上的气象站、微波站、监测站等设置避雷装置有很多困难。中国有句话："惹不起，躲就是了"对于雷击，也可以这么办。

航天器、火箭的发射就是采用预警来躲开雷害，要实现这一点，就必须有可靠的监测系统。

现在这种尖端技术的难题已经解决了，因此旅游、野外施工或其他作业都可以利用这一新技术。

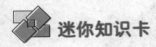

迷你知识卡

积雨云

云浓而厚，云体庞大如高耸的山岳，顶部开始冻结，轮廓模糊，有纤维结构，底部十分阴暗，常有雨幡及碎雨云。

氨基酸

含有氨基和羧基的一类有机化合物的通称。生物功能大分子蛋白质的基本组成单位，是构成动物营养所需蛋白质的基本物质。是含有一个碱性氨基和一个酸性羧基的有机化合物。

积雨云

第7章 安全指南
——雷暴来了怎么办

1. 为天代言的雷神
2. 旱天雷
3. 猛烈移动的雷暴云
4. 卫星云图防雷暴
5. 布达拉宫如何防雷电？
6. 蛮横的电磁脉冲
7. 总躲在云中的直击雷
8. 雷电波侵入

☒ 为天代言的雷神

雷暴是伴有闪电和雷鸣的一种雄伟壮观又令人生畏的放电现象，是一种自然现象。气象学上把伴有雷声的放电现象称为雷暴。然而，在封建社会里民间却盛传"雷公"、"雷母"的神话，说"雷公"、"雷母"是司雷之神。

古代《山海经·海内东经》书中说，"雷泽中有雷神，龙身而人头，鼓其腹。"它把"雷公"、"雷母"描绘得十分吓人。"雷公"、"雷母"后来还被道教奉为天神，认为可以为天"代言"，"主天之灾福，持物之权衡；掌物掌人，司生司杀。"

神话传说中的雷神

因此旧时雷公曾是恐怖的代名词，民间如有孩子哭泣，只要喊一声，"雷公来了！"小孩就会被吓得不敢哭出声来。上述神话，自然是不足信的。

自然界出现的闪电和雷鸣，通常是产生于雷雨云形成的过程中，因为在这个过程中，云中的小水滴和冰晶粒子，由于气流的作用而上下运动，在互相碰撞的过程中，它会吸引空气中游离的正离子或负离子，使水滴和冰晶分别带上正电荷和负电荷，并各自不断聚集越聚越多。

一般情况下正电荷集中在云的上层，负电荷集中在云的底层。于是在云的上下部、云和云之间或者云和大地之间，便产生了电位差，电位差达到一定程度时，就会发生猛烈的放电现象，产生很强的电流，能达到几十个千安培，甚至达到100多个千安培，这时出现的火光就是闪电。

发生在云的内部和云之间的闪电，因为没有到达地面，对人类的直接活动影响不大。发生在云和大地之间的雷电释放，一般称为"云地雷电"，分"直击雷"和"雷击电磁脉冲"。它能把蕴藏的能量全部释放出来，破坏性极大。

"直击雷"危害示意图

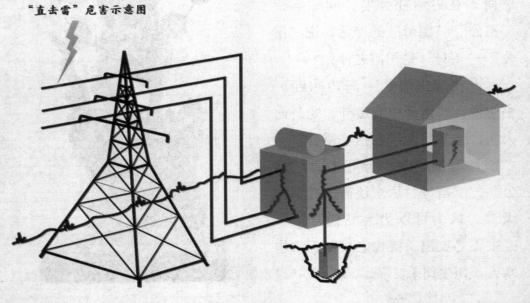

由于雷暴能烧毁森林，也能劈开千年古树、毁坏建筑物、伤害人畜，所以地球上每年总有一些人因遭雷电袭击而丧生，因此必须加强对雷电的防范。

预防雷暴的袭击应该注意如下几点，凡是高大的建设物，均要按防雷等级规定安装避雷针，每年雨季来临之前，一定要检测接地电阻是否合格。对电力的设备，都必须按规定安装避雷器。

◪ 旱天雷

家用电器如电视机、计算机、收音机、电热器等在雷暴天气时，要切断电源，停止使用。据报载，1999年8月9日晚，雷暴时辽宁新民县某村四位妇女，围坐在炕上看电视，雷电从室外天线引入，结果当场机毁人伤。所以，室外天线要安装避雷器。

在发生雷暴时，要注意不要停留在屋顶上。据记载，1996年8月8日下午4时广东河源市有一个16岁的小孩，雷暴时爬到屋顶摆弄天线，结果被雷暴击亡。因为大多数雷击都发生在建筑物的顶部。

当你在户外遇到雷暴时，千万不要到孤立的大树下、电线杆下面。要躲开铁丝篱笆、栏杆或其他

具有重要防雷功能的布达拉宫金顶

金属通道，因为这些地方容易被雷击中。另外，你要注意不要站在比周围地形较高的地方，要避开宽阔的田野、海滩和水上的小船以及孤立的小型遮蔽所，更不要在水中停留，因为附近雷击时，有可能通过水把大电流传到你的身体。

如果你是在汽车里，一定要把车窗玻璃关上。如果雷暴时，你是在开阔的地里，你应该尽快蹲伏在沟壑、山谷或地面上的洼地里暂避一下。

雷暴时要注意关闭门窗。关闭门窗可以预防侧击雷和球雷的侵入。因为大多数球雷都是沿烟囱、窗户、门进入室内，发生爆炸，因此雷击时必须关闭门窗。雷暴时，不要触摸水管、暖气管、煤气管等金属物。

雷暴时，不要进入棚屋等低矮建筑物避雨，因为低矮建筑物都没有防雷设施，而且大多都处在旷野中，容易引雷。

如1994年，湖北省南漳县66

雷暴

位民工，在工棚中避雷雨，结果工棚遭雷击，造成重伤14人，轻伤25人。

雷暴时，不要在旷野中打雨伞，或手执金属物体，以防雷击。据报载，1994年7月，江苏大丰县某村一位姓顾的村民，从棉田里打雨伞回家，途中被雷暴击中身亡。又如1998年5月，一对河南籍打工仔，在广东中山市打工，骑车在雷雨中赶路，坐在后座的妻子手持一把金属雨伞，雷暴从伞尖下导入，夫妇二人均被击死。

雷暴时不宜开摩托车外出。有人误认为在雷暴中开摩托车，摩托车快雷打不到，其实摩托车再快也快不过雷暴。据说前几年广东梅县有一位姓谢的女生，雷暴时开摩托车外出，途中被雷暴击中身亡。所以说雷暴时，不宜开摩托车外出。

由于地形关系，某些地区特别容易产生雷雨。例如在山岭地区，当暖空气经过山坡被强迫上升时，在山地迎风的一面空气沿山坡上升，到一定高度变冷而形成雷云；但到了山背风的那一面，空气沿山坡下沉，温度升高，雷雨消散或减弱。

猛烈移动的雷暴云

特别是在滨海的山岳地带，近海的一面山坡上便常易有雷雨发生，这是由于海风潮气特重的缘故。

此外，在我国南部还常出现所谓旱天雷，也叫干雷暴。这种雷暴发生时只落下几滴雨，甚至没有雨，却伴随着强烈的风，大气的带电作用已达到极端状态，所以干雷暴的破坏力特别强大。

移动迅猛的雷暴云

猛烈移动的雷暴云

台风是发生在北太平洋西部热带洋面上的一种很猛烈的大风暴。在海洋的某些区域里面，由于海水被太阳晒得很热，海面上的空气就向高空直升，这时在它周围较冷的空气乘势补缺，空气就向高空直升，这时在它周围较冷的空气，一齐朝中心流动，由于地球自转，使空气成反时钟方向剧烈旋转。

它一边旋转，一边朝西或者西北方向移动，越转越快，越转越大。台风中心就是这个旋转空气区

域的最中心，它的气压极低，风力很微弱。其中心范围大约直径10千米的圆面积内。但在中心区域外，它的风力就大了。

"台风边缘"是指靠台风外缘风力达到六级的区域。台风造成的灾害以狂风和暴雨最为显著，有时会引起高潮，使海水倒灌。台风中心附近风力经常在10级以上，并有暴雨，在海洋上能掀起山岳般的巨浪。

这时在天空往往有雷暴云在移动，这种云层的移动通常有两种形式，一种是移动或者平流，这是风暴在其发展的整个生命期内受气流的吹动而沿平均风方向移动的过程。

第二种是强迫传播，是指一个对流雷电云团受到某种外界强迫机制而持续再生的过程，这种强迫机制尺度通常要比对流风暴大。外部强迫机制有如像锋、与中纬度气旋相联的辐合带、海陆风、与山脉有关的辐合、热带气旋中的辐合、由消散雷暴的低层外流边界及与因外部强迫机制激发的重力波等。提供

强迫传播的天气系统的生命要比雷暴云的生命脉要长。自传播过程，指雷暴可以自行再生或在同一整体系统内产生类似雷暴单体。

自传播机制的例子有下沉气流强迫和阵风锋、上升气流增暖产生的强迫、由于雷暴旋转引起的垂直气压梯度发展以及雷暴引起的重力波的触发作用，产生低空辐合区增强区。

积雨云中的大气体电荷分布是复杂的，但可以看成为三个电荷集中区，最高的集中区为正电荷，中间区为负电荷，最低区为正电荷。

在云下方的地面上观测，云是带负电。从远离积雨云处观测时，积雨云显示出电偶极子的特性。

雷暴云底处集中相当数量大雨滴，当大雨滴出现在上升气流很强的地方，且当水滴的半径超过毫米时，水滴即被强上升气流作用而破碎。最初水滴表现为变得扁平，然后其下表面被气流吹得凹进去，成为一个水泡或口袋，最后破裂为小滴，大雨滴上半部破碎成荷负电的小水滴，下半部破碎成荷正电大水滴。

于是在云中正、负电荷的重力

雷暴云常伴有大雨

分离过程中，带负电的小水滴随上升气流到达云的上部，而带正电的较大水滴因重力沉降而聚集于云底附近，使云底荷正电。

当水滴在大气电场中破碎时，其起电量与大气电场密切相关，水滴在大气电场中极化，球内沿电场 E 方向的上半部带负电，下半部带正电，破碎时最大可能起电量是水滴的上半部和下半部完全分离。

大雨滴因破碎而产生正、负电荷，在重力分离的机制作用下，大雨滴破碎后荷正电荷沉降聚集于云底附近，使云底附近处形成一正电荷区，这对云下部的荷电结构有重要贡献。这种荷电结构对闪电初始

温带气旋中冷锋和暖锋并存

击穿的形成具有重要作用，它激发云内负电荷向下运动。

卫星云图防雷暴

雷暴是一种对飞行影响极大的天气现象，其强风暴雨严重威胁飞行安全，也可能破坏机场地面设施。雷暴的出现常常造成飞机的返航、备降，甚至航班的取消，这不仅使航空公司造成较大的损失的一个重要原因，而且还会给旅客出行带来许多不必要的麻烦，所以要求航空气象预报人员对雷暴发生的预报要十分精确。

但用现阶段的常规天气图来预报，有一定的迟滞性；使用气象雷达，一是由于其量程有限，能监视到积雨云的时间较短，依然会造成远程航班返航、备降；另一方面由于雷达有信号衰减和资料的空白，常常会遗漏个别的对流云系的发生发展，这是威胁飞机安全飞行的隐患。因此现阶段对雷暴的发展和演变预报的最好手段就是利用气象卫星云图识别、监视对流云系。

就以大连机场为例，产生大

风暴潮

连机场地区的锋面雷暴的锋面多是冷锋。温带的冷锋云带，一般长1 000千米左右，宽200至300千米，云带的气旋曲率明显，可见光云图上，云带的色调比较均匀，内部常常嵌有一些对流性的亮区，这些对流性的亮区，常常是引发雷暴的地方。

当在卫星云图上，大连机场上游地区上空出现东北—西南走向的锋面时，并且锋面与高空风平行，其云带宽而且密实完整，色调较亮，这表示冷锋较为活跃，冷锋云带与强斜压区相联系，云带后部有冷平流，云带中，风的垂直切变很强，云带中低层隐嵌着积状云，云带下容易发生雷暴，预报雷暴的人员就开始密切注意冷锋的移动和发展，是否会移入本站，使本场产生雷暴。

有时，上游冷锋不活跃，云带色调暗，云带中多以高层云为主，在这种情况下，我们会放松警惕，认为此种锋面不会产生强降水和雷暴天气，但往往这种锋面在自西向东移动的过程中，经过渤海时

带状闪电

断裂，大连机场地区经常处于锋面在北部一段的尾部，该处在夜间受渤海丰沛水汽和海洋加热作用的影响，对流极易发展，产生对流云，对流云在同周围云系合并，共同发展，面积不断扩大，产生较强的云系，在西风或西南风的影响下，移入本场，产生雷暴。

在过渡季节，冷锋云带移入西太平洋后，其后部的冷气团还常常产生大量的细胞状云和积云，细胞状云中有较强的对流发展，当本场风向为东风或东南风时，这些云就会移入本场，产生雷暴。

由于地形的影响，大连地区海上云团的发生发展有一个较为特殊的情况，即海风的影响。在气象上，由于海陆热力差异，产生了海陆风，在夏季，风由海洋吹向陆地。由于大连地区三面环海的特殊的环境，有时会受来自东西两岸相向吹来的海风的影响，相向的海风

从海上携带了大量的水汽，并在半岛中心汇合，再由于陆地的加热，产生上升运动，形成小积云，

由于海风不断输送海洋中的水汽，对流又不断将水汽向上输送，云层不断发展，一旦高空有弱的冷空气流入，就会破坏高空的温压平衡，促使本场上空形成的积雨云发展，发生雷暴，影响正常的飞行。

所以，在夏季，当我们发现云图上本场上空有小块的积云时，就不要放松警惕，要密切监视云图，注意云团的发展情况，以防雷暴的发生，影响飞行。

根据闪电部位分类，分成云闪和地闪两大类。云闪，是指不与大地和地物发生接触的闪电，它包括云内闪电、云际闪电和云空闪电。根据闪电的形状又可分为线状闪电、带状闪电、球状闪电和联珠状闪电。

线状闪电最为常见，包括线状

布达拉宫远景

布达拉宫

云闪和线状地闪。线状闪电的形状婉延曲折、具有丰富的分叉，类似树枝状，所以也称枝状闪电。线状电闪具有若干次闪电，其中每次放电过程称之为一次闪击。

带状闪电是宽度达十几米的一类闪电，它比线状闪电要宽几百倍，看上去像一条亮带，所以称为带状闪电。球状闪电看上去像一团火球，因而称为球状闪电。联珠状闪电的形状像挂在空中的一长串珍珠般的发光亮班斑，因而称联珠闪电或称链状。

◣ 布达拉宫如何防雷电？

每年的七八月是我国雷电高发季节，具有上百甚至上千年历史的古建筑，一旦遭遇雷击，损失不可估量。坐落在世界屋脊的布达拉宫，处于雷电灾害高发区，由当地人民摸索出的巧妙的防雷电技术，成为这座宏伟建筑能够在灾害面前屹立千载的一项重要保证。

与巍峨的红山融为一体的布达拉宫，海拔3 756米，相对高度117米，最高处金顶的海拔更是高达3 770余米，是拉萨的制高点。这座宏伟的建筑群东西绵延360米，南北宽约300米，殿宇楼阁近1 000间，面积达12万平方米。如此高度、如此体量的木石结构建筑群，能够在拉萨这个雷电灾害频发的地区岿然屹立，它到底有什么奇技妙招呢？

史料记载："布达拉宫始建于6世纪末，8世纪曾遭受雷击……"据西藏自治区防雷办主任、高级工程师桑旦分析，那次发生的雷电应该为直击雷，在当时的条件下，还没有太多的现代设备（比如电子产品、金属构件等）应用到布达拉宫，因而不可能产生感应雷（感应雷产生的感应电压往往会造成建筑物内的导线、接地不良的金属物导体和大型的金属设备放电而引起电火花）的危害。当时的直击雷引起了火灾，布达拉宫损毁严重。

在抵御雷电灾害的过程中，当地人民积累了一些雷电相关知识。桑旦在这方面的研究上倾注了很大的心血。他说，在西藏，将直击雷叫做"陀给"，而"陀给"和"陀

布达拉宫的边玛墙

嘎（屋顶）"的语音非常接近，意思就是用屋顶来承受直击雷的危害，这在现代被称为绝缘防雷。藏语将侧击雷叫做"琼"。另外，他们对于产生雷电的正负电荷也有一定的认识，有谚语说"父在天上接正电，母在地下接负电"。这说明在很早以前，西藏人民对雷电灾害就形成了很多感性的认识，并通过谚语的方式进行传播。

据介绍，在西藏比较大的寺庙前，一般都有两根非常高的旗杆，最初是用来防雷的，而且有比较规范的接地线和地线网，相当于两根高耸入云的避雷针，直接将雷电阻隔在寺庙之外，只是到了后来，两根旗杆才演变为纯粹的宗教象征，很多接地设施也被破坏，或因为不被重视而未能得到很好的维护，其避雷效果便无法发挥了。

1645年，五世达赖执掌西藏政教权柄后，开始重新修建布达拉宫。五世达赖圆寂后，由桑结嘉措继续修建布达拉宫，并于1693年完工。此次重修之后的近300年时间里，布达拉宫没有再遭受过大的雷电灾害的侵袭。难道五世达赖在重修布达拉宫的时候已经考虑到对雷电灾害的防御？在没有现代防雷理论的指导和防雷仪器检测的情况下，大量的铜、金等金属建筑材料，如何阻隔雷击呢？

而事实上，五世达赖重建布达拉宫时，实际上采取了很多防雷措施。位于红宫的主要灵塔金顶就相当于现代的避雷针。

金顶高高在上，而且是用

边玛墙

避雷铜饰

铜、金等导电性能良好的金属制成。在金顶下面，有很多金属吊饰相互连接，外表来看，人们通常会认为是起装饰作用的构件，实际上，它充当了避雷线的作用。

屋檐底下，还有很多铜制管道，这些管道有两种作用，一是将屋顶的积水排到地下，二是与金顶相连接，将雷电引入地下。下雨时，雨水流到地面，水本身具有导电的功能，雷电会从金顶传输到铜管，再传输到地面，由此避免了雷电对建筑物的损坏。

除此之外，布达拉宫的边玛墙是用边玛草和阿贡土混合制成，其厚度一般达90厘米，有些地方甚至达到1米，如此厚的墙，一方面能够抵御寒冷，另一方面，失去水分后，也能起到绝缘雷电的作用，在很大程度上能够抵御侧击雷。

据研究，西藏的侧击雷比内地更多，但只要有承受的载体，其通流量往往比较小，上述这些措施便有效地避免了侧击雷的危害。

另外，在边玛墙上，有连排的彩幡金属，它们之间相互连接，相当于现代防雷中的避雷带。边玛墙的墙身上，还装饰有很多吉祥铜饰，这些铜饰对侧击雷也会起到一定的防御作用。

通过这些措施，布达拉宫基本形成了点、线、带相结合的防御雷电灾害体系，这种体系在300年前就被精心设计并付诸实践，充分体现了西藏人民的聪明才智，其中许多做法对现代防雷技术有非常重要的借鉴意义。

五世达赖重修布达拉宫后，防雷措施虽然有力，但后来因为维护不当等原因，上世纪80年代和本世纪初，布达拉宫再次遭受雷击。

1984年，布达拉宫白宫遭受雷击，墙体和消防管道部分受损。2001年，布达拉宫白宫再次遭受雷击，消防管道受损，电话线、电线被烧断，3个监控显示器烧坏。两次雷击都发生在白宫，而比白宫高出10米、金顶林立的红宫却安然无恙，这是什么原因呢？

上世纪六七十年代间，位于白

避雷塔

宫顶部的金幢遭受破坏，在每个金幢的里面都有一尊消雷铜佛，重新修建时，铜佛虽然得到了安置，但没有按照原来的设计严格操作，从而导致了雷电灾害的发生。

防雷工程师分析道，白宫上的消雷铜佛没有起到消雷作用，可能是在重新安置消雷铜佛的时候，未能将佛身与金属导线连接在一起，所以达不到防御雷电灾害的目的。金幢、消雷佛像、铜线，这三者应该连接在一起，才能将雷电顺利地引入地下。

这两次雷击均属于侧击雷，同时，由于电线、电话线、监控装置等现代电子设备的安装，也不排除部分感应雷的可能。

新的时代环境下，布达拉宫的雷电防范，也面临着新的挑战。西藏三大重点文物维修工程之一的布达拉宫维修工程副指挥长丁长征认为，西藏当地的防雷技术有其独特之处，有上千年的历史。

在布达拉宫安装现代防雷设施一定要谨慎，要经过多次论证，不应轻易地按现代防雷技术进行安

曾经被雷击中过的大树

装，弄不好防雷装置会成为引雷装置。另外，如果安装避雷针，既不能影响美观，又要起到安全的防雷效果。

◪ 蛮横的电磁脉冲

20世纪以来，人类进入工业化和现代化社会，随着电力和电讯事业的发展，遭到了新的雷害，所以在这方面的防雷技术开始出现进展。特别是进入80年代以后，高新技术迅猛发展，人类已进入信息时代，高集成化电子设备如计算机、通信设备及工业自控系统已广泛应用。

雷电具有高电压、大电流和

瞬时性特点，强大的闪电产生静电场、电磁场和电磁辐射以及雷电波侵入、地电位反击等，统称为雷电电磁脉冲，其严重干扰无线电通讯和各种电子设备的正常工作，在一定范围内对微电子设备造成破坏。现代防雷体系是一项重大的系统工程，它正面临着一个观念上、方法上的转变。当人类社会进入电子信息时代后，雷灾出现的特点与以往有极大的不同。

受灾面大大扩大。从电力、建筑这两个传统领域扩展到几乎所有行业，特点是与高新技术关系最密切的领域，如航天航空、国防、邮电通信、计算机、电子工业、石油

电磁感应雷

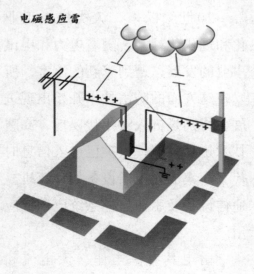

化工、金融证券等。

从二维空间入侵变为三维空间入侵。从闪电直击和过电压波沿线传输变为空间闪电的脉冲电磁场从三维空间入侵到任何角落，无空不入地造成灾害，因而防雷工程已从防直击雷、感应雷进入防雷电电磁脉冲。

常规的避雷针和避雷线主要是一维空间防御；避雷带和避雷网是二维空间防御；现代防雷体系则是三维立体空间的防御。全方位地危及人类的生命和财产，上自航空航天飞行器，下至地下的电缆、光缆、油管、气管、矿井等，无不受到其侵袭之灾，因此应把防雷的界限延伸到更广阔的范围。

把需要保护的空间划分为不同的防雷区，层层设防，既经济省事，又安全可靠。前面是指雷电的受灾行业面扩大了，这儿指雷电灾害的空间范围扩大了。例如2000年7月25日14点40分左右，一次闪电造成漕宝路桂菁路附近二家单位同时受到雷灾，而不是以往的一次闪电只是一个建筑物受损。

雷灾

雷灾的经济损失和危害程度大大增加了。它袭击的对象本身的直接经济损失有时并不太大，而由此产生的间接经济损失和影响就难以估计。例如1999年8月，某寻呼台遭受雷击，导致该台中断寻呼数小时，其直接损失是有限的，但间接损失将大大超过直接损失。

产生上述特点的根本原因，也就是关键性的特点是雷灾的主要对象已集中在微电子器件设备上。

雷电的本身并没有变，而是科学技术的发展，使得人类社会的生产生活状况变了。微电子技术的应用渗透到各种生产和生活领域。

◩ 总躲在云中的直击雷

雷云与大地之间直接通过建筑物、电气设备或树木等放电称为直击雷。90%以上的雷电发生在云间或云内，只有小部分是对地发生的。据统计，在对地的雷电放电中，90%左右的雷是负极性的。

强大的雷电流通过被击物时产生大量的热量，而在短时内又不易散发出来。所以，凡雷电流流过的

雷电波的袭击

物体，金属被熔化，树木被烧焦，建筑物被炸裂。尤其是雷电流流过易燃易爆物体时，会引起火灾或爆炸，造成建筑物倒塌、设备毁坏及人身伤害的重大事故。

静电感应是带有大量负电荷的雷云经过架空线时，由于静电感应而感应出被雷云电场所束缚的正电荷。

当云中电荷由于放电中和而瞬间消失时，架空线上感应的正电荷瞬间失去了电场的束缚，在电势能的作用下，将沿着线路产生一个很大的冲击电流，并迅速向架空线两端传播，从而对末端的电器设备产生影响甚至烧毁。

电磁感应雷是雷击发生在供电线路、通讯线路附近，或击在避雷针上时，由瞬时的大电流而产生强大的交变电磁场，使得形成闭合环路的金属构件或线路产生感应电流，根据法拉第电磁感应定律。

这种变化极快而且强度很大的交变电磁场将会产生很大的感生电动势，这种雷电过电压可能向周围物体放电或通过线路作用到设备上，对用电设备造成极大危害。感应雷击虽然没有直击雷严重，但其发生的几率比直击雷高得多。

◪ 雷电波侵入

当雷电击中户外架空线、地下

电缆或公共金属管道时，雷电波就会沿着这些管线侵入室内，使与之连接的用电设备遭受破坏，或引起人身伤亡，这种形式的雷击称为雷电波侵入。当户外架空线上产生的雷电感应过电压，沿输电线侵入室内时，将带来同样的破坏作用，也可称之为雷电波侵入。

雷电波侵入与雷电感应具有基本相同的特点，但所形成的电压电流幅度比一般雷电感应要大，这种雷电波除了产生电效应或热效应，破坏物体的电气或机械性能之外，当它侵入相连的设施或设备时，会对其机械结构和电气结构产生破坏作用，并危及有关操作和使用人员的安全。当雷电波从导线传送到用电设备时，就会产生一个强大的雷电冲击波及其反射分量。

这种冲击波会击毁或击穿电子器件，造成设备的损坏，其反射分量还可能形成与冲击波叠加，在形成驻波的情况下，破坏力更大。带来的破坏也更加严重。

当电子信息系统邻近区域有直接雷击发生时，在雷击通道周围会产生强大的瞬变电磁场。处在电磁场中的监控设备和传输线路会感

雷电来过，不要站在树下

台风

应出较大的电动势，以致损坏、损毁设备。雷电产生的强烈的电磁脉冲，会对脆弱的电子设备产生致命的打击。

怎样有效的对抗雷击电磁脉冲这就是电磁兼容领域的问题了，所以防雷工程是一个系统的工程，涉及到各方面的技术，各方面的知识，所以对于防雷工作者来说这是一项任重道远的任务。

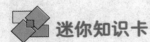 **迷你知识卡**

台风

热带气旋的一个类别。在气象学上，按世界气象组织定义：热带气旋中心持续风速达到12级称为飓风，飓风的名称使用在北大西洋及东太平洋；而北太平洋西部使用的近义字是台风。

卫星云图

由气象卫星自上而下观测到的地球上的云层覆盖和地表面特征的图像。利用卫星云图可以识别不同的天气系统，确定它们的位置，估计其强度和发展趋势，为天气分析和天气预报提供依据。在海洋、沙漠、高原等缺少气象观测台站的地区，卫星云图所提供的资料，弥补了常规探测资料的不足，对提高预报准确率起了重要作用。

防雷有道
——躲着雷暴去飞行

1. 当今世界的主要自然灾害
2. 雷电正中飞机
3. 躲着雷暴去飞行
4. 民航最易遇上的危险分子
5. "人工引雷"
6. 驾驭不了的雷电能量
7. 有雷不知防
8. 防雷小贴士

◼ 当今世界的主要自然灾害

1987年6月，一颗美国海军通信卫星发射升空后遭雷击，控制火箭姿态的计算机程序紊乱，不得不引爆自毁，损失达1.7亿美元。1989年夏，我国青岛的黄岛油库遭雷击起火，大火持续几天几夜，造成人员、物资的巨大损失。

随着我国经济的发展，雷电对大城市的发展建设的威胁也不容忽视，雷电灾害的涉及面非常广，各行各业以及建筑、电网、通讯、林

躲着雷暴飞行

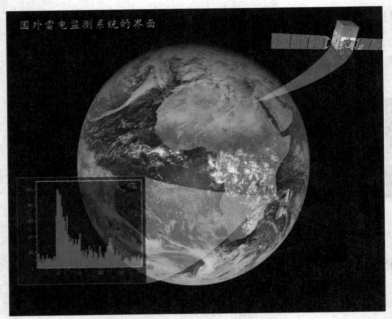

国外雷电监测系统的界面

目前，国外一些国家对雷电的监测已经达到相当高的水平，出现了很多利用多种探测仪器相结合的雷电探测网；而国内的雷电监测发展较晚，探测技术还不成熟，对雷电的探测还只是从雷电的电学特性上探测雷电，或只是从雷暴的气象特征上分析雷电的发生概率，比如运用经验对雷暴的雷达回波进行分析来进行雷电预警。

业、交通、军事设施等，尤其对现在广泛使用的微电子、信息网络、无线通信设备都构成威胁。

雷电具有持续时间短放电快，短暂突发性的特点，所以一旦发生雷害，一切救援措施和补救方法都来不及。一些重要设施、区域等都需要雷电的监测和预报，特别是一些户外重大活动更需要雷电和空间电环境的监测和短时预报。

雷电灾害是当今世界的主要自然灾害之一，它是一种强大的大气放电现象，伴随雷电的发生，会引发强烈瞬变的电磁脉冲。

当电子信息系统邻近区域有直接雷击发生时，在雷击通道周围会产生强大的瞬变电磁场。处在电磁场中的监控设备和传输线路会感应出较大的电动势，以致损坏、损毁设备。雷电产生的强烈的电磁脉冲，会对脆弱的电子设备产生致命的打击。

雷电监测定位系统在雷电的研

究、监测及防护领域中处于极其核心的位置。目前雷电监测定位系统在气象系统只是应用于雷击事故分析、雷暴分布研究中，没有真正意义上的业务运行方式。

雷电监测预警系统中的闪电定位数据需要由各省的雷电定位网中心站提供，因此一旦将该系统在电力、民航、旅游景区等推广，便可以为闪电定位网开辟一条全新的应用途径。

通过实时监测雷暴的发生、发展、成灾情况和移动方向及其他活动特性，对一些重点目标给出类似于台风的监测预报，使雷电造成的损失降到最低点。

从另一方面来讲，对于雷击比较敏感的单位，由于人工观测毕竟存在着很大的局限性，且误判率比较高，不能作为一种

科学的手段指导工作。

而雷电监测预警系统能够实时提供更科学、更准确的雷电预警信息，能够有效的减少人员和财产的损失，在保障生产安全的前提下，将因雷击造成的经济损失降到最低。

建立有效的短时雷电预警系统，对整个社会也是一个很大的贡献。目前一个电场仪可以对半径10千米范围内的闪电进行预警，这样的话可以像发布短期灾害性天气预报一样发布短时雷电预警信息，让人们及时采取必要的防护措施，如关闭手机、家用电器，不在易受雷

雷电监测器

雷电标志

Frequent Lightning Strikes

击的场所逗留等，将能够有效的减少因雷击对人民生命财产造成的损失。因此建立雷电短时监测预警系统有着很大的社会效益。

雷电定位监测数据能在非常多的行业得到应用。雷电的监测及准确定位在电力系统雷击故障点的查巡、森林雷击火灾的定点监测、民航航线的选择等方面都有很高的经济效益，除对电网，民航，林业具有重大效益外，对电信无线基站的防雷、铁路公路的安全运行等等均

有重大实际应用价值，也可对雷害的分析确定、保险理赔等也可提供科学依据。

雷电时空频发率的掌握，对电力、通信、军事、工业与民用建筑、仓储，特别是易燃易爆危险品仓储的规划选址和防雷工程设计显得更有意义。

雷电预警预报对航天发射窗口选择、航空器雷暴区的规避、军事应用、野外作业、旅游等等有重大实际价值。

目前，几乎所有的发达国家和地区都布有全国和地区雷电监测定位网。

雷电正中飞机

曾经有一张真实的照片，一道闪电正打在飞行中的飞机上。在不稳定大气中，由强烈对流运动发展而来的雷暴云内部蕴藏着巨大的能量，它能产生各式各样的危及飞行安全的天气现象，具有极大的破坏力，其中雷电现象是其显著特征，对航空活动威胁极大。

随着航空工业技术的发展，飞机性能有了很大的改进，如飞行高度增高了、飞行距离增长了，并装有先进的机载气象雷达，同时导航设施也越来越先进，但这只是为尽早发现雷暴，准确判断，正确做出绕飞、飞越、改降等决定，也即为避开雷暴提供了重要依据。但目前还不具备能穿越、克服雷暴障碍的能力，每年因种种原因误入雷暴云而引起的飞行事故时有报道。

据估计，全球每年发生雷暴约1 600万次，平均每天发生约4.4万次，每小时约发生1 820次。所以，每一个飞行员都有可能遇到雷

谨防雷击

暴，特别是运输机，夏季飞行经常会遇到雷暴。因此，了解雷电的形成和特点，了解飞机遭受闪电击的原因，以及应采取的飞行措施，将有助于成功地避开或飞越雷暴区，确保飞行安全。

理论研究和科学实验证明，当云中出现冰晶和过冷水滴相碰撞，过冷水滴冻结及大水滴分裂时，由于温差电效应、冻结电效应、分裂电效应等作用，使云滴之间产生电荷交换，小云滴带正电荷，大云滴带负电荷。

雷雨云中上升气流将小云滴带到云的上部，而较大的云滴则留在云的中下部，所以一个发展完整的雷暴云，其上部是带正电荷，中部

雷击渠通图

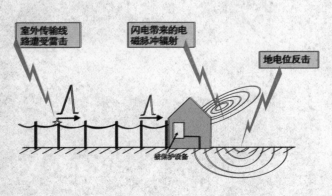

带负电荷，下部降水区常常有一个带正电荷的中心。

空气是不良导体，它阻挡正负电荷的会合，当电荷积累到一定程度，大气中电场强度达到每米30 000伏时，在云中及云体附近电场强度达到每米300 000伏就会发生闪电，这么强的电场，足以把云内外的大气层击穿，于是，在云与地面，或者云的不同部位，以及云块之间发生电荷中并激发出耀眼的闪光，这就是常见的闪电。

同时强大的电流迅速在一个平均只有十几厘米宽的狭窄通道上通过，使沿途空气的温度瞬间升高到一两万度，这样剧烈的增温使空气发生爆炸性的膨胀，闪电过后又立即冷却收缩，迅速胀缩使空气发生强烈的震荡，发生巨大声响，这就是我们听到的雷。

飞机遭雷击的原因
通常飞行器直接遭受雷击的可能性很小，据国外材料介绍，在1 300次穿越雷暴的飞行实验中，仅有

躲着雷暴

21次遭到雷击，同时还发现有一半以上飞机遭雷击前并无闪电发生，在雷暴云区高速运动的飞机实际上加强了云中大气等电位面的畸变程度，从而出现了强电场，诱发了闪电的发生。在多数情况下是由于飞机起电、电晕和诱发闪电造成了闪电击，影响飞行安全。

◩ 躲着雷暴去飞行

全球空难频发，南方暴雨降临。航空公司往往认为天气原因造成航班延误，是最容易被接受的。

实际上旅客们不理解，究竟什么天气能达到飞行标准？如何才能免除那么多莫名其妙的等待呢？

2010年春夏，广州被暴雨害苦了，白云机场发生了因为大面积航班延误，滞留的旅客情绪失控，围堵柜台，甚至闯入飞行控制区的事情。但近两个月，接连发生的波兰总统专机坠毁、利比亚空难、事件，让世界各地的民航不得不更加小心。

"天气"对于飞行来说，意味着很多种情况。不光是出发地的天

雷雨天气影响飞机起飞

进的导航设备，飞机从停机位滑行至跑道也还是需要目视的。因此，能见度过低会影响飞机的起降。

◨ 民航最易遇上的危险分子

雷暴是民航最经常遇上的危险分子。像广州白云机场、香港赤腊角机场等，偏偏又是航班密集的枢纽机场，因遇天气原因受影响波及的范围比较大。广州的事件，便是因为航空公司和机场相应的服务没有跟上天气的变化，导致旅客由于无法得到所乘航班信息而不满，产生了一些过激行为。

乌干达、印尼是世界上雷暴最频繁的地区，而在北美洲中西部及南部，有着威力最大的雷暴，它们经常与冰雹、龙卷风一起驾临人间。

飞机一旦误入，轻则受损，重则机毁人亡。在雷雨中，强大的闪电如果击中飞机，轻则破坏飞机的电子设备，导致机载设备失灵，重则导致机体结构部件受损，飞机气动外形遭受破坏。

气是否适宜起飞，还得考虑到达的机场是否适宜降落，路上是否有坏天气飞不过去。别以为天上很宽可以随便绕，航路是固定的，有一定的宽度。

通常影响飞机起飞的天气因素主要有三种：能见度低、雷暴和大风。能见度低的情况一般发生在大雾天气。除了雾之外，云、降雨、烟尘、风沙和浮尘，都可使能见度降低。当平视、仰视及俯视的能见度都降低到临界值以下，飞行员在判断起飞和着陆时就会出现很大问题。

能见度极低的情况，会影响飞机目视跑道，即使飞机上安装有先

遭雷击的大客

在民航客机上一般有十几个放电刷，在飞机翼尖、垂尾的顶部都有，但它们不是用于避雷的，而是用于释放飞机静电。飞机没有类似高层建筑避雷针的东西，因为飞机在飞行中无法接地。

由于飞机的飞行是依靠空气产生升力和操纵力，因此空气的气流对飞机的影响至关重要。在起飞和着陆的时候，飞机最容易遇到不稳定气流，这与地面环境复杂有关——各种建筑物和起伏地形会使得一阵风变成许多股紊乱的风。

在短距离内风向、风速发生突变，被称为"风切变"，它发生的范围小而且缺乏预兆，这对起飞或降落时接近地面的飞机特别危险。

历史上有多次空难都是由于强烈的风切变而导致的。因为在飞机降落过程中，飞机速度低，高度在不断下降，突然遇到与飞行方向垂直的强烈的气流，会使飞机发生强烈的摇摆，如果幅度过大，高度和速度都很低的情况下，留给飞行员去处理这样的情况的余地就非常小。

而在大气之中，飞机会遇上不稳定的气流急速运动，这被称为湍流。有时看起来天气晴朗的高空，其实暗藏着强烈的气流扰动。由于空气不规则的垂直运动，湍流会造成飞机的颠簸，使飞机瞬间下沉或上升几百米，严重的颠簸可使机翼变形甚至折断。

决定飞或者不飞还是由飞行员来做出判断的。

飞机起飞前，飞行员会得到气象通报。正常来讲，每隔1分钟都会有专门的气象预报员向飞机发送天气信息，以帮助它们避开危险的天气现象。空中交通管理员也随时会盯着自己辖区内天气的变化。

如果目的地上空有大面积的雷雨导致没有安全的通道，飞行员会选择降落在附近的机场，这就是通常所说的备降。

◪ "人工引雷"

人工引雷应该说是从上个世纪六十年代开始发展的一种专门技术。主要是通过在雷雨天气的时候，向雷暴云体发射专用的引雷火

电闪雷鸣时分

箭，使雷电在预定的时间和预定的地点发生。

国际上，美国1967年在海上首次引雷成功，陆地上首次成功的人工引发雷电于1973年在法国实现。

我们国家上世纪八十年代在老一代科学家的领导下，开始进行人工引雷实验，从1989年中国科学院兰州高原大气物理研究所首次人工引雷成功到现在整整20年，应该说期间取得了很大的进步。现在我国一共成功引雷60多次，在一些重点雷灾区域都有过成功的人工引雷实验。

最开始做人工引发雷电实验，主要还是为了研究雷电。因为雷电发生的时间和地点具有随机性，不知道什么时候发生，所以要想研究它的话，直接的观测资料是不太容易取得的。

人工引发雷电使雷电在一定时间、一定地点发生，所以我们可以在雷电放电通道下部对雷电流进行测量，然后在距放电通道比较近的地方，布设不同的电磁观测设备，对闪电产生的电流、电磁光效应进

人工引雷

行同步观测，这样有助于我们对雷电机理本身的研究，这是最初的目的。

随着人工引发雷电技术的发展，人们也自然会想到这种技术除了研究之外还有什么用处？实际上它的用处还是比较大的，比如说对雷电防护设备的检验。

为了测试避雷针或者是一些防护设备是不是能够有效地防雷，我们可以利用人为引发雷电来做一个测试，进行评估。

全国各地目前都已经建立了雷电监测网，形成区域性雷电监测、预报、预警和研究系统。研究人员称，开展野外雷电试验，目的就是为我国雷电监测、预警预报和防护

技术研究与开发提供必要的基础平台，为我国雷电业务的发展提供更加科学的技术支撑，以提高我国雷电灾害防御能力。

事实上，利用人工引雷技术可以将雷电引到安全区，但首先要解决的问题是提高引雷的成功率。据

巴西和中国"人工引雷"技术引领世界

介绍，国内外目前的引雷成功率水平在60%左右。

提及人工引雷，有人可能会大胆猜想，能不能控制雷电后再利用雷电的能量，或者进行人工消雷？对此，中国科学院大气物理研究所研究员郄秀书表示，人工引雷技术的发展的确使得人类控制雷电、利用雷电的设想部分变成了现实。但是要想真正利用雷电能量或者通过人工引雷来影响雷暴发展，还是存在很多问题。

◩ 驾驭不了的雷电能量

雷暴是一个能量巨大又不断发展的天气过程，不会因为一个人工雷电就改变整个雷暴的发展，事实上一个雷电也减少不了多少能量。所以，在一定程度上影响雷电的发生是可以的，但是要想通过人工引雷来影响雷暴的能量还难有实质性的突破。

人工引发雷电对雷暴电场和云物理过程有一定的影响，这使得人工引雷有可能成为人工影响天气的一个有效手段。也许未来对雷电

能量巨大的可怕雷电

的防护，可以通过发射火箭将雷电的破坏力引导到指定位置并加以释放。

雷电的出现会带来巨大的能量，能否利用人工引雷把雷电的能量储存起来被人类利用？郄秀书称，事实上雷电的能量并不像人们预期的那样大。

雷电的瞬时能量，也就是峰值功率是很大的，但因为雷电持续的时间很短，所以总的能量并不是很强。因此至少在现阶段，雷电能量利用的意义并不是很大。

有雷不知防

近几年农村雷击事件增多，因遭受雷击的成因有其普遍性，根据从农村房屋的防雷现状，到田间、林区、人员聚集的公共场所的防雷现状分析，得出农民防雷意识淡薄；从建立合理的农村防雷组织体系、法律法规体系、制度体系、提出做好雷电的预警预报及加强农村的科普宣传和雷电知识的普及教育，进而从农村建房、电力线路、合理栽树、电视、电话、家用电器等方面提出详细的防雷措施，最后提出日常生活中实用的简易防雷措施。

造成农村雷电灾害多发的主要原因，是"有家无防"即房屋缺少防雷装置和"有雷不知防"即防雷意识淡薄、防雷知识缺乏。大部分房屋无防直击雷装置；电源线路、有线电视线路、电话线路都没有采取任何防雷措施。

乡村民宅的防雷一直是我国防雷发展的薄弱环节，近年来我国农村频繁发生的各种雷击事故。日前江门所发生的雷击穿屋顶的事件，很明显就是一宗由于防雷意识不强老百姓，所建房屋没有采取任何防雷措施导致的雷击事故，所幸没有造成人员伤亡。

居民独立楼房的防雷包括外部防雷和内部防雷，外部防雷是指房子的直击雷防护，包括避雷带、引下线和防雷地网三部分；内部防雷是指房屋内电源线路、电视、电话、电脑等设备的防雷保护。显然，发生雷击事故的楼房完全没有做好以上防雷措施。

农村的房屋主要是砖瓦结构，部分房屋是钢筋混凝土结构，大多数没有考虑防雷，连最基本的防雷措施都没有安装。框架结构的建筑立柱内钢筋基本没有直通屋顶，竖直的主筋电气连接也不很好，无法起到防雷引下线的作

住宅防雷

机场变电站接地网

用；也没有安装接地网。

随着社会的发展，农民生活水平的提高，电视、冰箱等各种家用电器已经普及，但电力线路、通信线路、有线电视线路等在居住区布线凌乱，如蜘蛛网一样，随意乱拉，架空线很长，线路上没有采取任何防雷措施。

在农村线路入户处既没有安装防感应雷的浪涌保护器也没有采取线路套铁管来减弱雷电波的防护措施。卫星电视接收天线或自制的电视天线没有采取任何防雷措施，这些都是造成农村雷击事故多发的重要原因。

高大的移动基站和高压输电线路，一般高约30到50米不等，它们的存在对其周围雷电产生、泄流环境改变极大，其引雷作用使附近一定范围内的无防雷装置的建筑物遭受侧击雷和感应雷灾害事故的概率增大。

◪ 防雷小贴士

农民的日常生产活动主要在田间进行，山区的田地有一部分在山坡、山顶上或湖泊、水塘等附近多水的地方，这些地方一般易发生雷

防雷工作

击；田间空旷缺少躲避雷雨的安全之处。

下雨时缺少雷电知识的农民经常在树下避雨，增大了遭雷击的概率，因此很多雷击事故是在田间农民耕作或躲雨时候发生的。

农村防雷工作任务艰巨，需要从大处着眼，小处着手。大处着眼是加大农村雷电灾害防御知识的科普宣传，稳步推进农村雷电灾害防御工作；小处着手是指具体落实防雷措施，首先解决农民要求最迫切、最关心、最易采取的防雷措施，树立典型，带动全局。

农村雷电灾害防御工作开展实行分步实施，先安装防直击雷装置，再根据需要安装防感应雷装置。先在受灾严重的乡村实施，然后逐步展开。

雷雨来临时，在野外的村民应做到：雷雨天气应进入有避雷装置的室内；空旷地不要使用雨伞，不要把铁锹、锄放在肩上；雷雨时最好就地蹲下，远离烟囱、铁塔、电线；不能在大树下躲避雷雨；不要从事水上作业，不要开摩托车。

农村的防雷工作任重道远，随着社会主义新农村建设的不断深入，防雷工作面对农村现状，应积极通过宣传普及防雷知识和推广实用防雷技术等有效手段开展农村防雷工作，减少农村雷灾损失。

古建筑物的防雷措施

　　与现代建筑相比，大多数古建筑周围的地理环境、地质条件不够理想，建筑物的外形结构也比较复杂。因此，古建筑防雷装置的施工安装具有特殊的难度，防雷效果相对现代建筑物也要差一些。

　　存在的难点主要包括：一、古建筑物避雷针（带）引下线的间距，有时很难达到防雷规范的要求。二、许多古建筑建在崇山峻岭之中，地表多为岩石，接地电阻很难达到规范要求。三、一些古建筑物的基座比较高大，并附有很厚的石台阶环绕，做接地体和接地线很困难。四、有些古建筑物年久失修，砖瓦破碎，檐木腐烂，很难在其上加装防雷装置。五、目前古建筑物防雷没有统一的国家标准。

　　值得强调的是，对建筑物做直击雷的防护，需要敷设避雷针、避雷带、引下线和接地体。但这些物体的安装敷设，若不能与古建结构、形状巧妙地融为一体，将直接影响古建筑的艺术风貌。

古建筑物上的避雷针

在屋面敷设避雷带，设计施工在符合防雷技术标准的前提下，应将避雷带设计成古建筑屋面的轮廓线，选材应力求与屋面的色调一致。

比如说，目前避雷带的支撑架通常使用U形卡固定在筒瓦和屋脊上，但因牢固程度和施工安装工艺问题，避雷带易倒伏，并对U形卡固定处的灰瓦易造成不同程度的损坏。业内专家建议，应尽快制定标准，设计对古建筑屋面不造成损坏的避雷针（带）固定方法。

 迷你知识卡

电磁脉冲

由核爆炸和非核电磁脉冲弹爆炸而产生。核爆炸产生的电磁脉冲称为核电磁脉冲，任何在地面以上爆炸的核武器都会产生电磁脉冲，能量大约占核爆炸总能量的百万分之一，频率从几百赫到几兆赫。

导体

善于导电的物体，即能够让电流通过材料。不善于导电的物体叫绝缘体。

第9章　因风雨雷电生成的传说

1. 爪黄飞电
2. 雷电神因陀罗屠龙
3. 风雨雷电的传说
4. 中国古代求雨习俗

◤ 爪黄飞电

　　爪黄飞电与绝影同为曹操爱驹，但较之后者史实和演义记载均较少。仅见于《三国演义》第二十回"曹阿瞒许田打围，董国舅内阁受诏"："曹操骑爪黄飞电马，引十万之众，与天子猎于许田。军士排开围场，周广二百余里。操与天子并马而行，只争一马头。转过土坡，忽见荆棘中赶出一只大鹿。帝连射三箭不中，顾谓操曰：'卿射之。'操就讨天子宝雕弓、金箭，扣满一射，正中鹿背，倒于草中。群臣将校，见了金箭，只道天子射中，都踊跃向帝呼万岁。曹操纵马直出，遮于天子之前以迎受之。众皆失色。"

　　爪黄飞电通体雪白，四个黄蹄子，气质高贵非凡，傲气不可一世。单听爪黄飞电这样的名字便显

曹操

得与众不同。正因为此马有非凡的气质，所以曹操一般在作战中是不会乘其出征的，而会在凯旋回朝的时候骑乘以显示其独特的气势。因此更多的时候爪黄飞电给人一种"花瓶"的感觉。

◪ 雷电神因陀罗屠龙

在印度文化中，龙并不像在中国这样受到尊崇，但同样是传说中最为强大的生物，其力量足以与神分庭抗礼。

在最古老的宗教神话中，讲述了一场神与龙的惊世激战：

雷神因陀罗

很久很久以前，有一条名为"维特"的巨龙，它强壮而邪恶，所有神与人类都畏惧它的存在。

有一天，维特一口气吞干了七条江河，并盘踞在高山之巅，也不休息，只等待着大地走向毁灭。

很快，地上就没有水了，太阳猛烈地照射使大地和人民都饱受煎熬，所有绿色的植物都枯萎了，人们干渴、饥饿而又恐惧，他们向神祈祷。但即使是天神也无能为力，很快灾荒到来，任何地方都找不到食物了，众神都感到很悲哀，但却帮不上人类的忙，除了一位神，雷电之神因陀罗。

因陀罗是众神中年纪最小的一个，众神并不相信他能打败巨龙维特。为了帮助人类和赢得荣誉，年轻的雷电之神毅然出发。

他首先去寻找"生命之水"，喝下"生命之水"使他感到有无穷的力量在身体中奔涌，因陀罗感到自己是最有力量的神了。

无论在什么样的故事里，龙都是难以战胜的，所以英雄必须做好充分准备，例如屠龙的宝剑、长

刻有雷神因陀罗的传说的石壁

枪，或是"生命之水"、防火宝物等等。在游戏中，要想挑战巨龙的冒险者也是一样，所谓工欲善其事，必先利其器，冒冒失失地去和龙作战，只会变成龙的开胃点心。

因陀罗手持自己独特的武器——雷电，出发去找巨龙维特决斗，双方在山顶遭遇，维特身躯庞大，拥有长满利齿的大口，它的呼吸里带有致命的毒气。

当维特生气的时候，它会释放出浓重的雾气，雾气甚至可以遮蔽阳光，然而因陀罗手中的闪电照亮了前进道路，也鼓舞着他的勇气。

双方展开激烈的战斗，维特不断地使用魔法力量，施放轰鸣的雷声和尖利的冰雹，但这些都不能伤到因陀罗，经过了漫长的战斗，双方都有些精疲力竭，巨龙的攻势稍有停息，在山顶居高临下积蓄力量。

此时因陀罗先发制人，他用最大的力气将雷电掷向维特，雷电像箭一般笔直射入龙的身体，恶龙维特摇晃着巨大的脑袋，终于不支倒地。

没等因陀罗喘口气，又一只巨龙出现在他面前，这是维特的母亲，愤怒的母龙直接扑向雷电之神，因陀罗也毫不示弱再次掷出了雷电，击中了巨龙的要害，巨龙的尸体落在它儿子的身边。

消灭了两只恶龙后，因陀罗几乎耗尽了"生命之水"带给他的力量，但是他第三次掷出雷电，劈开了高山放出了水，水从山顶倾泻而下，流淌过龟裂的大地，注入了干涸的河床。七条江河穿过原野和森林，土地被重新滋润，绿色植物再度蓬勃生长。

人们也因喝了水，恢复了生命力，灾荒过后，大地重新繁荣起来。这一切都归功于英勇挑战巨龙的因陀罗，年轻的雷电之神因此受到了人类和众神的尊敬。

风雨雷电的传说

在古代，人们往往将一些不能

中国神话中的土地公

解释的自然现象如风、雨、雷、电以至土地、河流等归于神力，从而加以崇拜。这从某种程度上体现了人与自然之间的协调和谐关系。

这种和谐关系是在人们认识自然的能力有限、受制于自然、顺应自然的条件下，人与自然之间一种原始和谐。

土地神又称土地公或土地爷，在道教神系中地位较低，但在民间信仰极为普遍，是民间信仰中的地方保护神，流行于全国各地，旧时凡有人群居住的地方就有祀奉土地神的现象存在。在传统中国文化中，祭祀土地神即祭祀大地，因而土地神更多地带有自然属性。

土地神源于古代的"社神"，是管理一小块地面的神。《公羊传》注曰："社者，土地之主也。"汉应昭《风俗通史·祀典》引《孝纬经》曰："社者，土地之主，土地广博，不可遍敬，故封土为社而祀之，报功也。"清翟灏《通惜编·神鬼》："今凡社神，俱呼土地。"

据《礼记·祭法》记载："王为群姓立社曰大社，诸侯为百姓立社曰国社，诸侯自立社曰侯社，大夫以下成群立社曰暑社。"可见当时祭祀土地神已有等级之分。汉武帝时将"后土皇地祇"奉为总司土地的最高神，各地仍祀本处土地神。

最早称为土地爷的是汉代蒋子文。据《搜神记》卷五曰："蒋子文者，广陵人也……汉末为秣陵尉，逐贼到钟山下，贼击伤额，因解缓缚之，有顷刻死，及吴先主之初，其故吏见文于道，乘白马，执白羽，侍从如平生。见者惊走。文追之，曰：'我当为此土地神，以福尔下民。尔可宣告百姓，为我立祠。不尔，将有大咎。'……于是使使者封子文为中都侯……为立庙堂转号钟山为蒋山。"此后，各地土地神渐自对当地有功者死后所任，且各地均有土地神。

据清赵翼《陔余丛考》卷三五称沈约为湖州鸟镇昔静寺土地神，岳飞为临安太岳土地神。清人赵懿在《名山县志》中称土地神不一，有多种名目，其中有花园土地，有青苗土地、还有长生土地（家堂所祀）、庙神土地等。

土地神崇奉之盛，是由明代开始的。明代的土地庙特别多，这与皇帝朱元璋有关系。《琅讶漫抄》

搜神记

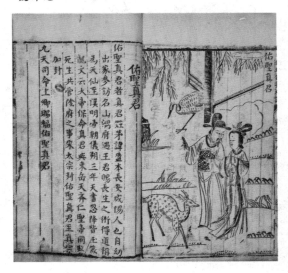

记载说，朱元璋"生于盱眙县灵迹乡土地庙"。因而小小的土地庙，在明代倍受崇敬。《金陵锁事》称，建文(1399——1403)二年(1400年)正月，奉旨修造南京铁塔时，在塔内特地辟出一个"土地堂"，以供奉土地爷。

又有《水东日记》称当时不仅各地村落街巷处有土地庙，甚至"仓库、草场中皆有土地祠"。土地神的形象大都衣着朴实，平易近人，慈祥可亲，多为须发全白的老者。

龙王信仰在古代颇为普遍，

龙王是非常受古代百姓欢迎的神之一。在中国古代传说中，龙往往具有降雨的神性。后来佛教传入中国，佛经中称诸位大龙王"动力与云布雨"。

自唐宋以来，帝王封龙神为王。从此，龙王成为兴云布雨，为人消灭炎热和烦恼的神，龙王治水则成为民间普遍的信仰。据史书记载，唐玄宗时，诏祠龙池，设坛官致祭，以祭雨师之仪祭龙王。宋太祖沿用唐代祭五龙之制。

宋徽宗大观二年(1108年)诏天下五龙皆封王爵。

唐宋以后，道教吸取龙王信仰，称东南西北四海都有龙王管辖，叫四海龙王。另有五方龙王、诸天龙王、江河龙王等。小说《西游记》中提到的四海龙王，即东海龙王敖广、南海龙王敖钦、北海龙王敖顺、西海龙王敖闰，使四海龙王成为妇孺皆知的神。

古人认为，凡是有水的地方，无论江河湖海，都有龙王驻守。龙王能生风雨，兴雷电，职司一方水旱丰歉。因此，大江南北，龙王庙林立，与土地庙一样，随处可见。如遇久旱不雨，一方乡民必先到龙王庙祭祀求雨，如龙王还没有显灵，则把它的神像抬出来，在烈日下暴晒，直到天降大雨为止。

雷公司掌天庭雷电。雷公名始见《楚辞》，因雷为天庭阳气，故称"公"。雷公长得象大力士，坦胸露腹，背上有两个翅膀，脸像红色的猴脸，足像鹰爪，左手执楔，右手持锥，身旁悬挂数鼓。击鼓即为轰雷。

雷公电母之职，原来是管理雷电。但是自先秦两汉起，民众就赋予雷电以惩恶扬善的意义，认为雷公能辨人间善恶，代天执法，击杀有罪之人，主持正义。

◥ 中国古代求雨习俗

求雨习俗并非中国所独有，在世界上的很多地区，不同文明的民族中都曾有过求雨习俗。求雨是万物有灵观念的产物，也是人们使用某种类似巫术的方法祈求上苍满足自己愿望的古传习俗。

古代中国是一个以农牧生产为主的国度，雨水是农牧生产的命脉，影响粮食收成的好坏，直接关系到国库的收入与王朝的稳定。所以，求雨受到了历代朝廷的重视，从皇帝到知县，每遇天旱，都要设坛祭祀。

祭祀时，贵为一朝之君的天子也要向龙王下跪、并作为一种典章仪式，有专门的规范载于典籍。

神话传说中有各种雷公的形象

如山西，每逢岁旱，"设坛于城隍庙。先期，县公行二跪六叩首礼毕，复跪拈阄，请某处龙神取水。传示乡民洒扫街道，禁止屠杀活命，各铺户、家户门首，供设龙神牌位、香案。僧众、架鼓吹手，出城取水迎龙神。知县率僚属素服步行出城外，迎接入城，供奉雨坛，行二跪六叩首礼。每日辰、申二时，行香二次，乡老、僧众轮流跪香，讽经、典史监坛，利房照料香烛。如是者，三日，得雨，谢降撤坛，派乡老送水；旱甚，率僚属斋戒，出祷风去，雷雨，山川坛，进遍祷群庙。"

而在中国民间，农民普遍认为，天旱是因为得罪了龙王爷，为求得龙王爷开恩，赐雨人间，就举行一系列形式各异的祭祀、祈祷仪式来求雨。

求雨习俗在中国北方的河南、山东、河北、山西、东北、西北都流行甚广，但尤其以山西为最。

人们为求风调雨顺，采用各

中国北方的求雨习俗

种办法求助于神灵，有以牲畜供献的，有以人祷者，还有抬着神位神像游乡展示以娱神的。此外，还有专门用于惩罚旱魃的象征性表演；有求雨神的，有扎泥龙、草龙挥舞，也有在大门垂柳插技，还有的捕捉蛇、鱼、蛙等戏水动物做祈雨生物。

在山西晋中一带，习俗中有所谓"七女祈雨法"。在祁县一带，天旱时，由村里挑选出七个聪明伶俐、品性兼优、家门兴旺的年轻少女进行求雨。

其办法是：先把这七个少女家中所用的蜡烛搓配在一起，再以这七家的蜡和七家的炉灰用水调成稀泥，抹在村中一块光亮的方块石头上，上面放一大罐，盛满清水。之后，由七个少女扶着罐子的边沿，一边扶着一边转圈行走，嘴中念着

国外土著求雨的仪式

类似于咒语的求雨词："石头姑姑起，上天把雨去。三天下，唱灯艺，五天下，莲花大供。"村里所有人的愿望都由这七个少女向龙神表述。

 迷你知识卡

城隍庙

起源于古代的水（隍）庸（城）的祭祀，为《周宫》八神之一。"城"原指挖土筑的高墙，"隍"原指没有水的护城壕。古人造城是为了保护城内百姓的安全，所以修了高大的城墙、城楼、城门以及壕城、护城河。

图书在版编目（CIP）数据

图说雷电／于淼，阚男男编著．——长春：吉林出版集团有限责任公司，2013.4（2021.5重印）

（中华青少年科学文化博览丛书／沈丽颖主编．环保卷）

ISBN 978-7-5463-9585-2-02

Ⅰ.①图… Ⅱ.①于…② …Ⅲ.①雷—青年读物②雷—少年读物③闪电—青年读物④闪电—少年读物Ⅳ.① P427.32-49

中国版本图书馆 CIP 数据核字（2013）第 039556 号

图说雷电

TUSHUO LEIDIAN

作 者／	于 淼　阚男男　著
出 版 人／	吴文阁
责任编辑／	张西琳　王 博
开 本／	710mm×1000mm　1/16
字 数／	150千字
印 张／	10
印 数／	1-10000册
版 次／	2013年4月第1版
印 次／	2021年5月第3次

出 版／	吉林出版集团股份有限公司
发 行／	吉林音像出版社有限责任公司
地 址／	吉林省长春市净月区福祉大路5788号龙腾国际A座13楼
电 话／	0431-81629660
印 刷／	三河市华晨印务有限公司

ISBN 978-7-5463-9585-2-02　　　定价／39.80元